高いワイン

渡辺順子

知っておくと一目置かれる
教養としての一流ワイン

ダイヤモンド社

はじめに

　2018年、ニューヨークで行われたワインオークションで歴史的瞬間が生まれました。1945年産のロマネコンティが、ワインの史上最高落札額を更新したのです。
　その価格は、なんと1本55万8000ドル。日本円にして約6300万円です。ボトル1本がグラス6〜7杯分と考えると、**グラス1杯約1000万円**という驚くべき価格を叩き出したのです。
　もちろん、この年のロマネコンティは「存在すら幻」と言われる希少価値の高いものであり、このような超高額ワインが頻繁に現れるわけではありません。
　しかし、それでもボトル1本数万〜数百万円というレベルの「高いワイン」は世の中に多数存在します。そして、これらの高いワインはすべて**その地域を代表する「一流ワイン」**として、世界中の人々に認知されているのです。

　これら一流ワインの知識は、ワイン自体を深く知り、深く楽しむためにも必要不可欠です。
　どんなジャンルでもそうですが、**「一流」を知ることはそのジャンルを深く知るうえでは欠かせません。**
　たとえば、ダヴィンチ、ミケランジェロ、ラファエロなど、一流の巨匠たちやその作品を知らずに、アートを深く理解することができるでしょうか？　スポーツ観戦で、一流選手やチームを知らずに、そのスポーツを（深く理解し）楽しむことはできるでしょ

うか？

「一流を知る」ことはそのジャンルの基礎や本質を知ることに近く、またそのジャンルに親しむうえでは欠かせないと言えるでしょう。

ワインも同様です。**各地域で必ず押さえておきたい一流ワイン**があり、それらを知っていると、ワインの見方は大きく変わってきます。

また、「一流」と言われるワインは、**世界の共通言語**にもなっています。私は、オークションハウスの「ニューヨーククリスティーズ」のワイン部門にて10年以上にわたりワインスペシャリストとして働いてきました。ワインスペシャリストとはオークションに出品されるワインの落札予想価格を決める仕事であり、まさに**「高いワイン」だけを扱う仕事**です。現在は帰国し、引き続きワインオークションに携わるかたわら、弁護士や医師、経営者向けのワインセミナーを日本やアジアを中心に開催しています。

こうした仕事を通じて、様々な国籍の方とお付き合いしてきましたが、そのなかでも、ワインが共通の話題となっていることを強く実感しました。最近では日本でも、ワインに精通している方が多くなっているように感じます。

「高い」ものにこそ、驚きのエピソードがある

本書は、このように世界中で知られ、ワインを深く知るためにも必要不可欠な「一流ワイン」の知識を紹介したものです。

フランス、イタリアはもちろん、カリフォルニアやチリなどのワイン新興地域も含め、**地域ごとに必ず押さえておきたい一流ワ**

イン</u>をピックアップしました。
　一流ワインとはいえ、決して堅苦しいとは思わず、どうぞ気軽に読んでいただければと思います。

　☞ 所有を巡って<u>国同士が争った</u>ワイン（→108ページ）
　☞ <u>「毒」</u>を盛られないためにボトルが透明になったシャンパン（→146ページ）
　☞ イタリア初の<u>偉業</u>を成し遂げた<u>「テーブルワイン」</u>（→176ページ）
　☞ <u>「作りすぎたけど、捨てるのはもったいない」</u>から生まれて世界一になったワイン（→184ページ）
　☞ 標高2000メートル超で造られる、<u>中国発の高級ワイン</u>（→240ページ）

　このようにワインをまったく知らない人でも、ワクワクし、「へぇ〜」となってしまうような話を持つ「高いワイン」が多数登場します。
　定番のフランスから、大好きなシャンパンから、値段の高いワインから……と、ご自身のペースで、お好きなところから気軽に読み進めていただければと思います。
　一流ワインを知ることで、ワインの世界をより面白く感じられるようになり、その知識が皆さんの人生にちょっとした（もしかすると大きな）変化を与えることを願ってやみません。

　なお、本書ではそれぞれのワインの<u>「参考価格」</u>を掲載しています。これらは世界最大のワイン検索サイト「wine seacher（ワイ

ンサーチャー)」が算出した、各ワイン(ボトルサイズ)の世界での販売価格をオールヴィンテージから割り出した平均価格をもとにしています(2019年8月時点のデータ)。

　ただし、ワインは**ヴィンテージや保存状態によっても価格が大きく異なり、また販売される国(輸入コストや関税など)や場所(ショップやレストランなど)によってもその価格は違ってきます。**あくまで価格は目安であることをご了承いただけますと幸いです。

　また、それぞれのワインのグッドヴィンテージも掲載していますが、これはワイン評論家であるロバート・パーカー氏の「パーカーポイント」などを参考に選定しました(→ワインの評価については50ページもご参照ください)。こちらも必要に応じて参考にしていただければと思います。

2019年8月
渡辺 順子

高いワイン
CONTENTS

はじめに……3

世界の主なワイン生産国……18

フランスの主なワイン生産地……20

ブルゴーニュ
BOURGOGNE

グラス1杯1000万円超!?　最もメジャーで、最も高額なワインの帝王
　　　──ロマネコンティ　ドメーヌ・ド・ラ・ロマネコンティ……24

平均価格140万円超え!　「神」と呼ばれる男が生み出した伝説の名品
　　　──ヴォーヌロマネ　クロパラントゥ　アンリ・ジャイエ……28

わずか0.27ヘクタールの畑から生まれる、超希少なこだわりの一本
　　　──ミュジニー　ドメーヌ・ルロワ……32

たった一人の熱狂が生み出した、年間生産600本前後の高額ワイン
　　　──マジシャンベルタン　ドメーヌ・ドーヴネ……36

1年に1樽造るのがやっと!　出会えるだけで幸せな「幻」の白ワイン
　　　──モンラッシェ　ドメーヌ・ルフレーヴ……38

「白ひげを汚したくない」から、白ワイン用のぶどうに植え替えられた畑
　　　──コルトンシャルルマーニュ　コシュデュリ……42

人口2000人に満たない村で造られる世界最高峰の「白」
　　　──ムルソー　ドメーヌ・デ・コントラフォン……44

世紀の偽造事件で、犯人逮捕のきっかけとなったワイン
　　　──クロドラロッシュ ヴィエイユヴィーニュ
　　　　ドメーヌ・ポンソ……46

・ワインの価値を決める「評価」……50

ボルドー5大シャトー
Bordeaux's Big Five

ポンパドゥール夫人も溺愛した、ボルドーで不動のトップシャトー
　　　──シャトー・ラフィット・ロスチャイルド（ロートシルト）……56

400年以上前から別格の存在
　　　──シャトー・マルゴー……60

グッチのオーナーが実現した安定の品質
　　　──シャトー・ラトゥール……64

審査対象エリア外なのに1級に選出！　イギリスに愛されたシャトー
　　　──シャトー・オーブリオン……68

CONTENTS

「ピカソ」のラベルに込められた積年の想い
　　——シャトー・ムートン・ロスチャイルド（ロートシルト）……72

・メドック格付　シャトー一覧……76

ボルドー左岸
LEFT BANK
BORDEAUX

ぶどうのプリンスに愛された「愛」のワイン
　　——シャトー・カロンセギュール……80

「インド」の香り漂う!?　オリエンタルなフランスワイン
　　——シャトー・コスデストゥルネル……82

フランス革命で分断されてしまった「レオヴィル3兄弟」
　　——シャトー・レオヴィル・バルトン／
　　　シャトー・レオヴィル・ラスカーズ／
　　　シャトー・レオヴィル・ポワフェレ……84

沈没船から引き揚げられた1本80万円のワイン
　　——シャトー・グリュオーラローズ……88

「石」に守られ、愛されたシャトー
　　——シャトー・デュクリュボーカイユ……90

耳をすませば、船乗りの声が聞こえてくるかも？
　　——シャトー・ベイシュヴェル……92

息子が受け継いだシャトー、娘が受け継いだシャトー
　　　──シャトー・ピション・ロングヴィル・バロン／
　　　　シャトー・ピション・ロングヴィル・コンテス・ド・ラランド……94

廃業寸前のボロボロの状態から、
「1級シャトーのセカンド」と言われるまでに
　　　──シャトー・デュアールミロン……96

マイケル・ジョーダンがブルズ優勝の際に開けたワイン
　　　──シャトー・ランシュバージュ……98

現代版格付では「神セブン」入り!
騙されたけど頑張ったパルマー大佐の功績
　　　──シャトー・パルメ……100

宗教儀式に使われ、一般公開されていなかったシャトー
　　　──シャトー・パプクレマン……102

5大シャトーを脅かす「6つ目」の存在
　　　──シャトー・ラミッションオーブリオン……104

一晩で高級シャトーの仲間入りに!?
　　　──シャトー・スミスオーラフィット……106

所有を巡って国同士が争った、デザートワインの最高峰
　　　──シャトー・ディケム……108

　・グラーヴ地区　特選シャトー一覧……112
　・ソーテルヌ地区　上位格付シャトー一覧……113

CONTENTS

ボルドー右岸
RIGHT BANK BORDEAUX

J.F.ケネディもファンを公言した、ボルドーで最も有名で、最も高価なワイン
　　──ペトリュス……116

小さな狭いガレージで生まれた異端の超高級ワイン
　　──ルパン……118

ワイン評論家も舌を巻く「モンスター」とさえ言われる複雑なアロマ
　　──シャトー・ラフルール……120

悪天候により出荷断念、そして経営難……
逆境からV字回復を果たしたポムロールの名門
　　──ヴュー・シャトー・セルタン……122

大冷害からぶどうの樹を見事再生！
　　──シャトー・レグリーズクリネ……124

160年以上先まで飲み頃が続くと言われた、モンスター級の長期熟成ワイン
　　──シャトー・オーゾンヌ……126

アカデミー賞受賞映画でも話題となった
5大シャトーと並ぶ実力派
　　──シャトー・シュヴァルブラン……128

前代未聞のサクセスストーリー！　ところが……
　　──シャトー・アンジェリュス……130

「パヴィ＝桃」から始まったぶどう畑
　　──シャトー・パヴィ……132

・サンテミリオン地区　第一特別級Ａ・Ｂ認定シャトー……134
・ポムロール地区　代表的なシャトー……135

シャンパーニュ
CAMPAGNE

3度目の飲み頃を迎えると、価格が10倍近く跳ね上がる
　　──ドン・ペリニョン　ヴィンテージ／
　　　P2ヴィンテージ／P3ヴィンテージ……138

超少量、生産すらレアな2つのシャンパン
　　──クリュッグ　クロデュメニル／クロダンボネ……142

ボトルが透明な理由＝「毒」を盛られないため
　　──ルイ・ロデレール　クリスタル……146

21世紀で生産されたのは、いまだ「5回」だけ
　　──サロン　ブラン・ド・ブラン……148

生涯で4万本のシャンパンを開けた
英国元首相に捧げられた1本
　　──ポルロジェ
　　　　サー・ウィンストン・チャーチル……150

・ワイン基礎用語のおさらい……152

CONTENTS

ローヌ
RHONE

世界中のワインファンが欲しがる「LALALAトリオ」
　　——コートロティ ラ・ムーリーヌ／
　　　ラ・ランドンヌ／ラ・トゥルク　ギガル……156

1ケース1000万円超え！　ロマネコンティの価格を上回ったワイン
　　——エルミタージュ・ラ・シャペル　ポール・ジャブレ・エネ……160

13種類ものぶどうを使い分ける、シャトーヌフ・デュ・パプの第一人者
　　——シャトー・ド・ボーカステル
　　　オマージュ・ア・ジャックペラン……162

ローヌの地で4代続くミステリアスなシャトー
　　——シャトー・ラヤス……164

　・偽造ワインの見分け方……166

イタリア
ITALY

身内からも嘆き、呆れられてしまった、
イタリアワインの帝王が造る斬新なワインたち
　　——ダルマジ　ガヤ……170

イタリアワイン界の巨星が残した功績
　　——バローロ ファッレット　ブルーノ・ジャコーザ……174

「テーブルワイン」なのに、イタリア初の偉業を達成
　　　──サッシカイア……176

有名ワイン誌で世界第1位も獲得！
アートへの造詣も深い洒落たワイナリー
　　　──オルネライア……178

イタリアで前例のないメルロー種100%で大ヒット！
　　　──マセット……180

英国王室のメーガン妃が溺愛
　　　──ティニャネロ……182

「作りすぎたけど、捨てるのはもったいない」から生まれて世界一に
　　　──ソライア……184

偶然生まれた新種のぶどう。エリザベス女王に認められて大フィーバー
　　　──ブルネッロ・ディ・モンタルチーノ　リゼルヴァ
　　　　ビオンディ・サンティ……186

家族経営のワイナリーが生んだ2つの世界的なワイン
　　　──ブルネッロ・ディ・モンタルチーノ
　　　　テヌータヌォーヴァ　カサノヴァ・ディ・ネリ……188

8万4千本分のワインが一晩でおじゃんに
　　　──ソルデラ　カーゼ・バッセ……190

マイナー産地から届いたスーパースター誕生の吉報
　　　──レディガフィ　トゥア・リタ……192

・ワインオークション入門……194

カリフォルニア
CALIFORNIA

フランスの1級シャトーがカリフォルニアで生み出した「最高傑作」
　　——オーパスワン……198

購入の権利獲得まで12年待ち!?　熱狂的ファンを持つカルトワイン
　　——スクリーミングイーグル……200

富豪がセカンドライフで造ったワイン。でも、その実力は超一級!
　　——ハーランエステート……202

80以上の畑から選び抜かれた「ボンド5兄弟」
　　——ボンド　メルベリー……204

「3000人待ち」の高評価連発ワイン
　　——コルギン　ハーブラムヴィンヤード……206

実はワイン名は「娘」の名前。日本人女性がオーナーのワイナリー
　　——マヤ……208

圧倒的な実力で熱烈なファンを獲得
　　——シュレーダーセラーズ
　　　　ベクストファート・カロン ヴィンヤード CCS……210

史上唯一、有名ワイン誌の年間1位を2度獲得
　　——ケイマスヴィンヤーズ
　　　　スペシャルセレクション……212

ボルドー随一の造り手がナパでワイン造りを始めたワケ
　　——ドミナス……214

栄光とスキャンダルにまみれたワイナリー
　　──ブライアントファミリーヴィンヤード……216

フランスワインに圧勝した無名の白ワイン
　　──シャトー・モンテレーナ　シャルドネ……218

スタンフォード×MITが生み出した、
ブルゴーニュ以上にブルゴーニュなワイン
　　──キスラーヴィンヤーズ　キュヴェキャサリン……220

同じワインは二度と造らない!?　毎年ワインを一新する異色のワイナリー
　　──シンクアノン　クイーンオブスペード……222

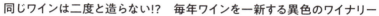

その他の地域
OTHER AREA

[オーストラリア]

フランスご法度のブレンドで世界中を虜に
　　──グランジ　ペンフォールズ……226

年間1300本前後しか造られない、オーストラリアの激レアワイン
　　──クリス・リングランド
　　　　シラーズ ドライグロウン バロッサ……228

夢を叶えた「左利き」の夫妻
　　──カーニバル・オブ・ラブ　モリードゥーカー……230

CONTENTS

スペイン
満点評価のデビューヴィンテージ、その2割が海底に……
　　　──ドミニオ・デ・ピングス……232

最低10年は熟成させるスペインの代表作
　　　──ウニコ　ヴェガシシリア……234

チリ
大成功を収めたチリ×フランスのジョイントベンチャー
　　　──アルマヴィーヴァ……236

南アフリカ
南アフリカの高級ワイン市場を切り開いた新星
　　　──ヴィラフォンテ　シリーズエム……238

中国
えっ、中国発!?　標高2000メートル超で造られる高級ワイン
　　　──アオユン……240

フランス一流シャトーが中国で生み出した神聖なワイン
　　　──ロンダイ……242

おわりに……244

掲載ワイン索引……247

世界の主な

ワイン生産国

フランスの主なワイン生産地

ボルドーの生産地区

ブルゴーニュの生産地区

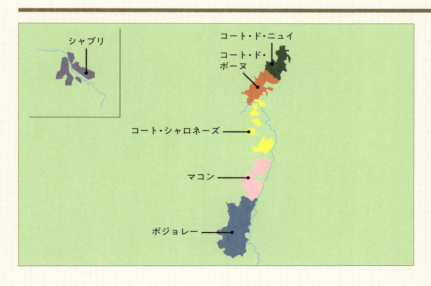

ブルゴーニュ
BOURGO

GRANDS CRUS
グランクリュ
(特級畑)

PREMIERS CRUS
プルミエクリュ
(1級畑)

COMMUNALES
コミュナル

RÉGIONALES
レジョナル

GNE

　フランスのブルゴーニュ地方は、フランスではもちろん、世界的にも最も"高いワイン"を生産する産地です。数十万、数百万円規模のワインがたくさん存在します。
　その大きな理由が、単一のぶどう品種を使っていること。同じフランスのボルドー地方では様々な品種をブレンドして品質を安定させますが、ブルゴーニュ地方では主に赤ワインにはピノノワール種を、白ワインにはシャルドネ種を単一で使用します。それゆえ、ぶどうの出来不出来がダイレクトにワインに反映され、天候の良い年のワインは大きく価値が跳ね上がるのです。
　また、ブルゴーニュでは「畑」に格付がなされていますが(左図参照)、グランクリュ(特級畑)の中にはわずか数ヘクタールの広さのものも存在し、そこで造られるワインの数は限られ、おのずと希少価値が高まります。特に、有名な造り手の希少なワインは数十万から数百万円にものぼります。
　そんな高いワインの筆頭と言えるブルゴーニュ地方の代表的なワインを紹介していきましょう。

コートドール

ロマネコンティ ドメーヌ・ド・ラ・ロマネコンティ
ROMANÉE-CONTI
DOMAINE DE LA ROMANÉE-CONTI

参考価格
約**220**万円

主な使用品種
ピノワール

GOOD VINTAGE
1945,61,78,85,90,96,
99,2005,06,08,09,10,
12,15,16

MONOPOLE（モノポール）とは「単独所有」という意味。特級畑「ロマネコンティ」をDRC社が単独で所有している証

世界で最も偽造ワインが多いとされるDRCのワインには、偽造ラベルを見分けるための細かい工夫がいくつも施されている（→166・167ページ参照）

24

グラス1杯1000万円超!?
最もメジャーで、最も高額なワインの帝王

ブルゴーニュ地方で最も高額なワイン「ロマネコンティ」を造る歴史ある造り手がドメーヌ・ド・ラ・ロマネコンティ社(通称DRC)です。

ワイン名「ロマネコンティ」とは**畑の名前**であり、DRC社がロマネコンティ畑で造るワインが「ロマネコンティ」なのです。ブルゴーニュでは1つの畑をいくつかの生産者が分割所有していることが多いのですが(たとえば「リシュブール」と名の付くワインが複数の生産者からリリースされていますが、それは特級畑リシュブールが分割所有されているためです)、ロマネコンティの畑はDRC社が単独で所有しています。つまり、**「ロマネコンティ」というワインを造れるのは世界で唯一、DRC社だけ**なのです。

他の特級畑に比べて地層の栄養分に恵まれたロマネコンティの畑は、その大きさわずか1.8ヘクタールです。さらに、その中でも十分な養分を吸い取ったぶどうだけが残され、そうでないぶどうは無情にも切り落とされてしまいます。過酷な競争を勝ち残ったものだけが「ロマネコンティのぶどう」として生き残ることができるのです。こうして生命力が強くエキスたっぷりのぶどうだけを残すため、**年間わずか5000〜6000本しか生産されません。**

わずか1.8ヘクタールの小さな畑から生まれる世界最高峰のロマネコンティは「神から与えられたワイン」として古くから崇められてきました。今も昔もロマネコンティを崇拝し、その魅力に取り憑かれた人々がその争奪戦を繰り広げているのです。

18世紀、ロマネコンティの名称の元になったコンティ公が畑の所有の座を巡り、ポンパドゥール夫人と争ったのは有名な話です。

コンティ公に敗れたポンパドゥール夫人は、悔しさのあまりヴェルサイユ宮殿からブルゴーニュワインをすべて締め出したと言います。

また、最近では「ユニコーンワイン※」と呼ばれる1945年産のロマネコンティを巡り、オークションで壮絶な競り合いが繰り広げられました。

45年産は「存在さえ幻」と言われるワインであり、それが申し分ない来歴で現れたため、世界中のワインコレクターがその獲得に躍起となったのです。

後世に残る入札劇の末、**落札額は世界最高の約６千万円に達しました。**まさに「神から与えられたワイン」と呼ぶにふさわしい驚愕の値を叩き出したのです。

DRC社はロマネコンティを含め、８つの特級畑(グランクリュ)を所有・賃貸し、そこから高品質なワインを造っています。

ヴィンテージによってはロマネコンティを上回ると言われる**「ラターシュ」**(この畑もDRC社が単独所有している)、ロマネコンティに隣接する畑**「リシュブール」**、ヴォーヌロマネ村で最古の畑**「ロマネサンヴィヴァン」**、人気急上昇中の**「グランエシェゾー」**、常に一定のクオリティを保つ**「エシェゾー」**、ロマネコンティより生産量が少ない白ワインの最高峰**「モンラッシェ」**、そしてお手頃な**「コルトン」**と、特徴ある高品質ワインをいくつも産出しています。

また、一級畑(プルミエクリュ)である「ヴォーヌロマネ」や非売品である白ワイン「バタールモンラッシェ」も醸造しています。バタールモンラッシェは関係者にしか渡されない幻の逸品で、その価値はロマネコンティ以上とも言われています。

※存在を耳にしたことはあるが、誰も実物を見たことがないワイン

ロマネコンティ以外のDRCのグランクリュ

ブルゴーニュ

ラターシュ
LA TÂCHE
約50万円

リシュブール
RICHEBOURG
約34万円

ロマネサンヴィヴァン
ROMANÉE-SAINT VIVIANT
約27万円

グランエシェゾー
GRANDS ÉCHÉZEAUX
約26万円

エシェゾー
ÉCHÉZEAUX
約23万円

モンラッシェ
MONT RACHET
約84万円

コルトン
CORTON
約20万円

コートドール

ヴォーヌロマネ クロパラントゥ アンリ・ジャイエ

VOSNE-ROMANÉE CROS-PARANTOUX
HENRI JAYER

参考価格
約 **140** 万円

主な使用品種
ピノノワール

Good Vintage
1985,91,93

「Ce vin n'a pas été filtré」とは、「フィルターを通していない（ろ過していない）」という意味。ワインをフィルターに通して微生物などを取り除く生産者がいる一方、ワインの香りや味の深み・特徴が損なわれないよう、ろ過をしない生産者も増えている

平均価格140万円超え！
「神」と呼ばれる男が生み出した伝説の名品

　ブルゴーニュには「神」と呼ばれる造り手がいます。1922年、ヴォーヌロマネ村にてぶどう栽培業を営むジャイエ家の三男坊として生まれた**アンリ・ジャイエ（Henri Jayer）**です。

　幼少の頃から父親の下でぶどう栽培を手伝っていたアンリは、ディジョン大学醸造学科を卒業後、ブルゴーニュの名家カミュゼ家が所有する特級畑「リシュブール」と「ニュイサンジョルジュ」の管理・醸造を任せられます。若くしてその才能を発揮したアンリとカミュゼ家の契約は40年以上も続きました（現在は、カミュゼ家のメオが後継者として畑を守っています）。

　30代には「Henri Jayer」を冠にした自身のブランドでワイン造りを開始し、晩年まで数々の名品を残しました。アンリの造るワインの価格は、**低い格付のワインですら、他のドメーヌの特級ワインを超える**ほどです。

　中でも高額なのは、1級畑クロパラントゥで造られる「ヴォーヌロマネ クロパラントゥ」、**通称「クロパラ」**です。

　1827年にはすでにぶどう栽培が行われていた記録のあるクロパラの畑ですが、戦時中にはアーティチョーク（西洋野菜の一種）が植えられるなど、もともとはまったく注目されていない畑でした。

　そのクロパラを一躍有名にしたのがアンリです。クロパラは、大きな岩の上に粘土石灰岩の層が広がり、その土壌の質は決してぶどう栽培に恵まれているとは言いがたい土地でした。しかし、アンリはその条件から最高の酸味を併せ持つワインを造り出せることに気づき、ぶどうの栽培と醸造を始めたのです。そして、1978年に初ヴィンテージをリリースし、特に1985年産は世界中のジャ

イエファンが切望するヴィンテージとなりました。85年産は偽造ワインも多く出回り、騙されたコレクターも少なくありません。

　2018年には、スイスのジュネーヴで行われたジャイエ家自らが出品する蔵出しオークションにて、来歴が保証された85年産6本入りが出品され、なんと3000万円以上で落札されました。これによりアンリ・ジャイエのワイン1本あたりの最高落札額も更新されています。

　そんなアンリも74歳のとき、フランス政府から「働いているなら年金は支払わない」と通知が来てしまい、自身が所有する畑を甥のエマニュエル・ルジェへ譲り、表向きには一線を退きました。もちろんそれは表向きの話であり、実際はエマニュエルと共にワイン造りを続け、弟子の養成にも時間を費やしています。

　しかし、**2001年を最後に完全に引退**を宣言。この年が「ブルゴーニュの神」が造る最後のヴィンテージとなりました。この2001年産は良年だったことからさらに付加価値がつき、世界中のジャイエファンが獲得に奔走する1本となっています。

　それ以降アンリは、患っていた癌の治療に専念するためにディジョンの病院に入院しましたが、病床でも若手にワイン造りの極意を伝えていたと言われ、その姿勢には誰もが心を打たれました。

　そんなワイン造りに人生を捧げたアンリの訃報が届いたのは2006年のこと、アンリが84歳のときでした。今では、彼の遺志を引き継いだ若手がブルゴーニュの第一線で活躍しています。

リシュブール アンリ・ジャイエ
RICHEBOURG
Henri Jayer

約**234**万円

アンリ・ジャイエのワインで最も高額な価格を誇る、特級畑「リシュブール」で造られるワイン。1987年産以降は、ドメーヌ・メオカミュゼが生産している

ニュイサンジョルジュ アンリ・ジャイエ
NUITS-SAINT-GEORGES
Henri Jayer

約**41**万円

「ジャイエのワインでもニュイサンジョルジュであれば手が届く」と言われたのも束の間、2003年に200ドルほどであった落札額は、10年後には3000ドル以上にまで高騰した

ブルゴーニュ

ヴォーヌロマネ クロパラントゥ エマニュエル・ルジェ
VOSNE-ROMANÉE CROS PARANTOUX
Emmanuel Rouget

約**26**万円

ジャイエからクロパラの性質を生かしたワイン醸造の極意を受け継いだ、エマニュエル・ルジェによるクロパラ。「1990年産をもって、ジャイエを継承した」と、著名なワイン評論家ロバート・パーカーからもお墨付きをもらった

コートドール

ミュジニー ドメーヌ・ルロワ

MUSIGNY
DOMAINE LEROY

参考価格

約 **154** 万円

主な使用品種

ピノワール

GOOD VINTAGE

1996,98,2002,05,06,
07,09,10,12,14,15,16

美味しいワインを造る秘訣は「健康なぶどうを作ること」と断言するドメーヌの当主、マダム・ルロワは、ぶどう畑で一日中過ごすこともあるそう。1933年生まれと高齢にもかかわらず、現在も毎日のように畑へ出かけてぶどうの健康状態をチェックしているとか

わずか0.27ヘクタールの畑から生まれる、超希少なこだわりの一本

シャンボール・ミュジニー村にある**約10ヘクタールの小さな特級畑「ミュジニー」**。この狭い畑を11の造り手がシェアし、様々な「ミュジニー」が造られています。

しかし、その大部分は1つのドメーヌが所有しており、残りのわずか3ヘクタールほどを10の生産者が分け合っている状況です。そのため、おのずとその3ヘクタールを分け合う造り手たちのミュジニーの生産量は限られ、価格が高騰しています。

中でも高額なのが、ドメーヌ・ルロワの造るミュジニーです。ドメーヌ・ルロワが所有するミュジニーの畑は**たったの0.27ヘクタール**。そのため生産量もごくわずかで、オークションでは常に競い合いが繰り広げられています。

ただし、その価値の高さは単なる希少性だけが理由ではありません。ドメーヌ・ルロワの現当主、**「マダム・ルロワ」ことラルー・ビーズ・ルロワ女史**がワイン造りにこだわり抜いた結果でもあるのです。

彼女は、父親アンリ・ルロワの引退に伴い、ルロワ社とDRC社の共同経営者の座を引き継ぎました。もともとルロワ社は契約農家から仕入れたぶどうでワイン造りを行っていましたが、兼ねてから化学肥料が及ぼすぶどう栽培への悪影響を懸念したマダム・ルロワが1988年に設立したのが、**ビオディナミ農法(有機農法の一種)を取り入れた自社所有畑のぶどうのみでワインを醸造する「ドメーヌ・ルロワ」**なのです。

その設立を快く思わなかったDRC社との溝は深まり、共同経営者としての座は追われてしまいましたが、そんな逆境など物とも

ブルゴーニュ

せず、マダム・ルロワは自身のこだわり抜いたワイン造りに没頭。そして、ルロワ3部作(1993年産クロドラロッシュ、ロマネサンヴィヴァン、リシュブール)がパーカーポイント(→50ページ参照)100点を獲得し、一躍ドメーヌ・ルロワが造るワインは一流ワインの仲間入りを果たしたのです。

　ルロワのワインは、彼女が目指した無農薬、ビオディナミ農法により、ぶどう本来の素朴さが感じられる独特の味わいで、今ではDRC同等の人気を誇ります。
　一般的にミュジニーの畑から造られるワインは、上品さと女性らしさを兼ね備えていると言われますが、特にルロワが奏でるミュジニーはビロードのように滑らかで優しい味わいに仕上がっています。これも、ビオディナミ農法によってぶどうを大切に育て、一粒一粒にしっかりとエキスが行き渡るよう、収穫量をあえて抑えているからだと言えるでしょう。
　また、マダム・ルロワの自然へのこだわりは、ぶどう栽培だけにとどまりません。たとえば、ルロワのワインには「液漏れ」が多く見られますが、これも工場生産でなく、**人の手を介して一本一本ボトル詰めが行われている**証拠です。ボトルのネック上部までワインを入れるため、コルクからワインが漏れる現象が見られるのです。
　こうして「自然」に徹底的にこだわるドメーヌ・ルロワでは、ほかにも特級畑のリシュブールやロマネサンヴィヴァン、シャンベルタンなどでワインを造り、これらも常にオークションでは高値で落札されています。

ドメーヌ・ルロワの代表的ワイン

リシュブール ドメーヌ・ルロワ
RICHEBOURG
DOMAINE LEROY

DRCに次いでリシュブールの畑を所有するルロワだが、その生産量はわずか年間100ケース（1200本）。そのため価格は高騰している。中でも1949年産は、20世紀を代表するワインとして必ず名が挙がる1本

約**65**万円

ロマネ・サンヴィヴァン ドメーヌ・ルロワ
ROMANÉE-ST-VIVANT
DOMAINE LEROY

ライジングスター（＝期待の星）の異名を持つ畑「ロマネ・サンヴィヴァン」は、ロマネコンティに匹敵する将来性を秘めた畑として注目を集めている。以前は隣に広がるリシュブールの畑と比較され、強すぎるタンニンや味わいの硬さが指摘されていたが、最近は優しさのある男らしいワインと表現されるようになってきた。ドメーヌ・ルロワはDRCに次ぐ大きさを所有しているが、その所有面積はわずか1ヘクタールであり、そこから生まれるワインはごくわずか

約**54**万円

シャンベルタン ドメーヌ・ルロワ
CHAMBERTIN
DOMAINE LEROY

特級畑「シャンベルタン」で造られるワインは、造り手によって様々な個性が現れることで有名。代表的な造り手ドメーヌ・ルソーは「キング」、ドメーヌ・ルロワは「クイーン」と表現され、ルロワは他の造り手では出せない繊細で女性的なワインに仕上げている

約**83**万円

コートドール

マジシャンベルタン ドメーヌ・ドーヴネ
MAZIS-CHAMBERTIN
DOMAINE D'AUVENAY

参考価格
約**63**万円

主な使用品種
ピノワール

GOOD VINTAGE
1996,99,2002,10,16

ルロワが展開する3つのドメーヌ

メゾン・ルロワ
↓
契約農家から買い上げた
ぶどうでワインを醸造

ドメーヌ・ルロワ
↓
自社が持つ畑のぶどうで
ワインを醸造

ドメーヌ・ドーヴネ
↓
マダム・ルロワが個人で
所有する畑からワインを醸造

ラベルには、マダム・ルロワが実際に住んでいる屋敷が描かれている

たった一人の熱狂が生み出した、年間生産600本前後の高額ワイン

　ドメーヌ・ドーヴネは、ルロワ社を率いる**マダム・ルロワが「個人で所有する畑」のぶどうだけでワインを造るドメーヌ**です。

　実は、ルロワのワインは大きく3つに分けられます。1つは、ルロワ社が契約農家から買い上げたぶどうでワインを造る**「メゾン・ルロワ」**です。これはマダムの曽祖父フランソワ・ルロワが1868年に設立しました。

　2つ目は、前述した自社畑でぶどうを栽培し、ワイン醸造・販売までを手がける**「ドメーヌ・ルロワ」**です。ドメーヌ・ルロワは複数の所有者による共同経営で、現在はマダム・ルロワとそのファミリー、そして日本企業の髙島屋がオーナーです。

　そして3つ目が、この**「ドメーヌ・ドーヴネ」**です。ドーヴネでは、マダム個人が所有する畑のぶどうだけでワインが醸造され、**マダムが理想とするワインを妥協せずに造っています。**

　ドーヴネのワインは、100％個人所有の畑のため大量生産ができず、ほとんどのワインがわずか1万本ほどの生産です。そのため、オークションでも常に競り合いが繰り広げられています。

　特に「マジシャンベルタン」は、樹齢約70年の古樹を使用した**年間550～600本と超少量生産**のワインで、ヴィンテージによっては1本50万円を下りません。世界最大級のワイン検索サイト「ワインサーチャー」が2017年に発表した「ブルゴーニュの高額ワインリスト」にも、ドーヴネのマジシャンベルタンが7位に選ばれていました。

> コートドール

モンラッシェ ドメーヌ・ルフレーヴ
MONTRACHET
DOMAINE LEFLAIVE

参考価格
約110万円

主な使用品種
シャルドネ

GOOD VINTAGE
1992,95,96,98,2002,13

1年に1樽造るのがやっと！
出会えるだけで幸せな「幻」の白ワイン

　ブルゴーニュのピュリニーモンラッシェ村にて、1717年からぶどう栽培に関わる歴史あるドメーヌ・ルフレーヴは、ミネラル豊富な上質の白ワインが生まれるこの土地で、約25ヘクタールものぶどう畑を所有しています。しかも、**そのほとんどが1級・特級畑**です。

　1990年からは、ドメーヌを引き継いだアンクロード女史が体に優しいワイン造りを目指し、ドメーヌが所有する特級畑をすべて**ビオディナミ農法に変更**しました。そして1997年にはすべての畑でビオディナミを実践。ぶどう本来の味わいを最大限に引き出したピュアで澄んだワイン造りに成功しました。アンクロードはビオディナミ農法の先駆者となり、今では多くの生産者がビオディナミ農法でぶどうを栽培しています。

　そんなルフレーヴが造るワインの中でも、圧倒的な高単価を誇るワインが特級畑「モンラッシェ」で造られるワインです。

　ルフレーヴがモンラッシェを手に入れたのは1991年のこと。取得面積は、なんと**たったの0.08ヘクタール**です。このように大変狭い面積のため、1年に1樽分のワインを造るのがやっとであり、あまりに高いその希少性からほとんど市場には出回らず、価格が高騰しているのです。

　ちなみに、2016年はモンラッシェの造り手たちが不作に泣いた年でしたが、モンラッシェを所有するルフレーヴ、DRC、コントラフォンなどが共同で、「L'EXCEPTIONNELLE VENDANGE DES 7 DOMAINES」（7つのドメーヌの特別な収穫）という1つのワインを生産し、販売しました。大物ドメーヌが共同でワイン

を生産するのはワインの歴史が始まって以来のことです。気になるお値段は1本5550ユーロ（約65万円）。その生産量はわずか約600本で、転売しないという条件付きで限られた人にだけ購入の権利が与えられました。

　また、白ワインの聖地ピュリニーモンラッシェ村にはモンラッシェのほかに**「シュヴァリエ・モンラッシェ」**、**「バタール・モンラッシェ」**、**「ビアンヴニュ・バタール・モンラッシェ」**の3つの特級畑が存在しますが、そのすべてでルフレーヴはワインを造っています（→右ページ）。世界中のルフレーヴファンたちは、これらのワインを惜しげもなく高値で落札しています。

　しかし、こうしてルフレーヴのワインが高騰していることに心を痛めたアンクロード女史は、土地の安いマコン地区の畑を購入し、一般のルフレーヴファンにも手の出せる、ケミカルを一切使用しない手頃な村名クラスワイン**「マコン・ヴェルゼ（MÂCON VERZÉ）」**の生産も始めました。グランクリュで表現されるピュアで澄んだ味わいはそのままに、早飲みタイプの軽い味わいに仕上がっています。

マコン・ヴェルゼ
MÂCON VERZÉ

約**0.5**万円

ルフレーヴがピュリニーモンラッシェ村で造る
「モンラッシェ」以外の3つのグランクリュ（特級畑）

ブルゴーニュ

シュヴァリエ・モンラッシェ
**CHEVALIER-
MONTRACHET
GRAND CRU**

約**8**万円

バタール・モンラッシェ
**BATARD-
MONTRACHET
GRAND CRU**

約**6**万円

ビアンヴニュ・バタール・モンラッシェ
**BIENVENUES
BATARD-MONTRACHET
GRAND CRU**

約**6**万円

41

コートドール

コルトンシャルルマーニュ コシュデュリ

CORTON-CHARLEMAGNE
COCHE-DURY J.F.

参考価格
約52万円

主な使用品種
シャルドネ

GOOD VINTAGE
1986,89,90,96,99,2004,
08,10,14

ゴールドのデザインは1990年代のもので、2000年からは白ベースのラベルに変更となっている

42

「白ひげを汚したくない」から、白ワイン用のぶどうに植え替えられた畑

ブルゴーニュ

「白ワインの神様」とも呼ばれる、ブルゴーニュの白ワインの造り手**コシュデュリ**の代表作が「コルトンシャルルマーニュ」です。

コルトンシャルルマーニュとは畑の名ですが、その畑は1500年ほど前から存在し、当時からすでにぶどうが栽培されていた記録が残っています。

コルトンシャルルマーニュという名は、8世紀頃に活躍したフランク王国のカール大帝から来ているとされます。

赤ワインが大好きだったカール大帝でしたが、飲むたびに**自慢の白ひげが汚れてしまうことを嫌い、白ワインを好むようになった**そうです。そしてコルトン村に所有する畑をすべて白ぶどうに植え替えてしまったと言います。このカール大帝のフランス語名「シャルルマーニュ大帝」から、コルトンシャルルマーニュと命名されたという説があるのです。

アルブレヒト・デューラーが描いた「カール大帝」

コシュデュリがこのコルトンシャルルマーニュの畑を購入したのは1980年代半ばのことでした。そして1986年のデビューヴィンテージで早くもパーカーポイント99点を獲得します。

さらに1999年産では、ワインアドヴォケイト誌(→51ページ参照)にて100点満点の評価を獲得しました。**コルトンシャルルマーニュの造り手でWA誌100点を獲得しているのは、唯一、コシュデュリだけ**です。

コートドール

ムルソー ドメーヌ・デ・コントラフォン
MEURSAULT
DOMAINE DES COMTES LAFON

参考価格

約 **1.6** 万円

主な使用品種

シャルドネ

Good Vintage

1989,92,96,97,2000,01,
02,05,06,09,10,11,12,
14,15,16,17

OTHER WINE

モンラッシェ ドメーヌ・デ・コントラフォン
MONTRACHET
DOMAINE DES COMTES LAFON

約 **21** 万円

特級畑モンラッシェで造られる、コントラフォンで最も高級なワイン。その価格はムルソーの10倍以上

人口2000人に満たない村で造られる世界最高峰の「白」

　コシュデュリと共に白ワインで世界に名を馳せるブルゴーニュの造り手が「コントラフォン」です。

　コントラフォンの所有者であるドミニク・ラフォン氏は、フランスだけでなくアメリカのオレゴン州でもワイン造りを始めるなど世界各地で白ワインを造り、「世界のラフォン」とも呼ばれています。

　特に、コントラフォンが造る「ムルソー」は特筆すべきワインです。**人口2000人に満たないムルソー村**は、白ワインの聖地として世界的にも認められている土地です。ここで栽培されるぶどうのほとんどはシャルドネであり、多くの生産者が「ムルソー」を冠した白ワインを造っていますが、コントラフォンとコシュデュリが造るムルソーは<u>「ムルソーの双璧」とも言われる代表的存在</u>なのです。特にコントラフォンは、新たな醸造法などでムルソーの造り手の手本となり、ムルソー全体の評価を高めたと言われています。

　コントラフォンのムルソーは、バターのようにこってりとしたエキスのある味わいですが、重すぎない透明感が醸し出されています。

　なお、コントラフォンのワインで一番高級なのは特級畑の「モンラッシェ」から造られるワインです。

　こちらも常に高い評価を獲得し、オークションでも高値で落札されています。ラフォンが造るモンラッシェはミネラルと酸が豊富で、他の生産者では表現できない鉱物性が現れていると言われます。

> コートドール

クロドラロッシュ ヴィエイユヴィーニュ ドメーヌ・ポンソ
CLOS DE LA ROCHE V.V.
DOMAINE PONSOT

参考価格
約**6**万円

主な使用品種
ピノワール

GOOD VINTAGE
1971,80,85,90,91,93, 99,2005,06,09,13,16, 17

「ヴィエイユヴィーニュ（V.V.）」とは、樹齢の高い樹から収穫したぶどうを使用していることを意味する

世紀の偽造事件で、犯人逮捕のきっかけとなったワイン

「クロドラロッシュ」は、ブルゴーニュのモレサンドニ村にある特級畑で、モレサンドニの中で最も優れたテロワールを有すると見なされています。**「クロドラロッシュ＝フィールドオブストーン（石で覆われた土地）」**という意味で、畑の土壌は硬い石で覆われ、そこで生まれるぶどうで造られるワインからは、芳醇で高貴な味わいが醸し出されます。

ドメーヌ・ポンソは、この特級畑クロドラロッシュの最大の所有者であり、全体の約8割にあたる3.5ヘクタールほどを所有しています。その生産量は約1万本です。特にチェリーとトリュフの味わいが特徴的なポンソのクロドラロッシュは、トリュフのシーズンにトリュフ料理と合わせるのが定番となっています。

ポンソのクロドラロッシュの人気が上がった理由として、2008年のクリスティーズのオークションが挙げられます。ここで出品された1934年産クロドラロッシュが**想像をはるかに超える1万8240ドルで落札**されたのです。それ以降、ポンソの造るクロドラロッシュはオークションの目玉アイテムとして、高い人気を誇るようになりました。

今ではポンソは、クロドラロッシュの造り手としてはマダム・ルロワ以上の人気を誇ります。著名なワイン評論家ロバート・パーカーの愛弟子ニール・マーティンも1971年産をいたく気に入り、「1978年のロマネコンティ以上だ」とコメントを残しています。

ちなみに、現在最も高額で取引されるのは1985年産で、これは翌年の86年産が「大失敗」と言われたことで、よりその価値が高まったからです。

ドメーヌ・ポンソといえば、**ワインの偽造対策に力を入れていることでも有名**です。2000年代に入り、高級ワイン市場で偽造ワインが横行していたことから、4代目当主であるローラン・ポンソ氏が偽造ワイン対策に注力しました。温度センサー付きのラベルの使用、合成素材を使用した偽造不可能なコルクの採用など、その対策は徹底されています。

　また、ワインを入れる箱の温度をアプリで管理し、15年間追跡できる「インテリジェントケース」の導入や、GPSによるボトルの追跡、箱が開けられたタイミングがわかる「コネクテッドケース」なども導入しています。

　さらにローランは、ワイン業界を揺るがした偽造犯ルディ・クルニアワン逮捕のきっかけをつくり、自ら証人として裁判にも立ち合っています。

　2008年4月25日、ニューヨークで開催されたオークションにて、偽造犯ルディは97本の偽造ポンソを出品しました。そこでは1929年産のクロドラロッシュ、1945〜71年産のクロサンドニ（右写真）が出品されましたが、実はクロドラロッシュは1934年が初ヴィンテージで、クロサンドニも1980年代まで造られておらず、**どちらも存在しないヴィンテージだった**のです。

　オークション当日、ブルゴーニュからニューヨークへ飛んだローランはオークション開始10分

クロサンドニ ドメーヌ・ポンソ
CLOS SAINT DENIS
DOMAINE PONSOT

約**8**万円

後に会場に到着し、その場で出品の撤回を求めました。この件がきっかけとなり、4年後にルディ・クルニアワンは逮捕となったのでした。

ローランといえば、2016年に開かれたオスピスドボーヌのオークションのことも思い出されます。私はこの年、ドメーヌ・ポンソが造る「コルトン」を落札するためにオークションに参加していました。

私と連れの女性はお目当てのコルトン獲得のために躍起になり、パドルを挙げ続けました。そして、値が上がるたびに入札者は減っていき、気づくと一人の男性と私たちとの競り合いに。大きな会場だったため、それが誰かははっきり確認できませんでしたが、後ほどそれが**ワインを醸造した張本人ローラン・ポンソ氏だった**と知りました。

2016年を最後にドメーヌ・ポンソを去り、息子と新ワイナリーを立ち上げたローランは、ドメーヌ・ポンソの醸造家として最後の年になったコルトンを自らオークションで落札しようとしていたのです。

しかし、競り合っている我々が女性だったことからローランは入札を諦めて譲ってくれたようです。この紳士的な振る舞いから、私もますますポンソのファンになってしまいました。

ワインの価値を決める「評価」

パーカーポイント

　ワインの価値に大きな影響を及ぼすのが有名ワイン評論家、そしてワイン専門メディアの評価です。
　その中でも、群を抜いて影響力を持つのがアメリカのワイン評論家ロバート・パーカーによる採点**「パーカーポイント」**です。メディアやショップでは「RP」と記されることもあります。採点は、基礎点50点、味わい20点、香り15点、全体的な質10点、外観5点の合計100点満点です。
　パーカーポイントで高得点を獲得すると、たとえそれが無名なワインであっても一躍スターダムにのし上がれるほど圧倒的な影響力を誇ります。

パーカーポイントの点数と評価

点数	評価
96〜100点	最高級ワイン。手に入れるべき価値のあるワイン
90〜95点	複雑さも持ち合わせる素晴らしいワイン
80〜89点	平均を上回る。欠点がない
70〜79点	おしなべて平均的なワイン。可もなく不可もなく無難である
60〜69点	平均以下。酸かタンニンが強すぎる。香りがない
50〜59点	受け入れがたい

しかし、すでに72歳と高齢なパーカーは、2019年5月に引退を表明し、一線を退きました。それでもなお、彼のこれまでの評価は今後もワインの価値に大きな影響を与え続けることでしょう。

ワインアドヴォケイト誌

そのロバート・パーカーが1978年に創刊したワイン専門誌が**ワインアドヴォケイト誌**です。後に紹介するワインスペクテーター誌と共に、二大ワイン専門誌として多大な影響力を持つメディアです。ワインアドヴォケイトの評価は「WA」と表記されます。

2001年からはパーカーが評価をスタッフに託し、10名ほどがそれぞれの得意の産地をテイスティングし、評価しています。WAのサイトには誰がテイスティングしたかが記されています。

ワインアドヴォケイト誌の元テースターである**アントニオ・ガローニ(AG)**の評価も市場でよく目にします。パーカーの右腕として大きな信頼を得ていた彼は、現在は独立して**「Vinous(ヴィノス)」**という有料ワインサイトを立ち上げています。2017年には、ワインアドヴォケイト誌の大黒柱と言われた**ニール・マーティン**もヴィノスへ移籍しています。

ワインスペクテーター誌

そして、もう一つの著名メディアが**ワインスペクテーター誌(WS)**です。ワインアドヴォケイト誌と同様に、複数のスタッフが得意な産地を担当し、評価しています。

ワインスペクテーター誌では、ブラインドテイスティングで年間の「トップ100ワイン」を選んでおり、ここで選出されることもワインの価格に大きな影響を及ぼします。

なお、ワインスペクテーター誌の元副編集長である**ジェームス・サックリング(JS)**も、アジアを中心に大きな信頼を寄せられる評論家です。彼は、特にイタリアとボルドーを中心に試飲しています。

その他の著名なメディア、評論家

イギリスの**デカンタ誌**も著名なワイン誌のひとつです。デカンタ誌は、世界で最も多くの発行部数を誇り、世界90か国以上で販売されています。

1984年に女性で初めてマスターオブワインの称号を与えられた**ジャンシス・ロビンソン**も有名なワイン評論家です。最も信頼される評論家とも言われる彼女は、英国王室のワインセラーのアドヴァイザーにも就任しています。

テイスティングの達人としても有名な**マイケル・ブロードベント**の評価も影響力が強く、ワイン関係者から注目を集めます。彼の採点は「MB」と記され、その採点は星の数で表します。星5つが満点ですが、稀に星6つの場合もあります。

評価者	採点方式	市場での表記
ロバート・パーカー （パーカーポイント）	100点満点	RP、パーカーポイント
ワインアドヴォケイト誌	100点満点 （産地別に得意な担当者が採点）	WA
ワインスペクテーター誌	100点満点 （産地別に得意な担当者が採点）	WS
アントニオ・ガローニ	100点満点	AG
ジェームス・サックリング	100点満点	JS
デカンタ誌	100点満点	デカンタ、デキャンタ
ジャンシス・ロビンソン	20点満点	ジャンシス・ロビンソン
マイケル・ブロードベント	星5つ（稀に星6つ）	MB

ボルドー５大シャトー

BORDEA
BIG FIVE

UX'S

　フランスのボルドー地方では、地区ごとにシャトー(生産者)に格付がなされています(一部地域除く)。特に有名なのが「メドック地区」の格付であり、1855年にシャトーの優劣が1～5級で定められました(メドック格付)。
　そして、この格付で1級に選ばれた4つのシャトー、そして後に2級から1級に昇格したシャトーをあわせた5つのシャトーは「ボルドー5大シャトー」と呼ばれ、今なおその地位を不動のものとしています。
　他のシャトーが及ばない歴史と絶対的な品質を備えた5大シャトーのワインは、世界中で多く取引されています。

> メドック/ポイヤック

シャトー・ラフィット・ロスチャイルド（ロートシルト）
CHATEAU LAFITE ROTHSCHILD

参考価格
約**10**万円

主な使用品種
カベルネ・ソーヴィニヨン、メルロー、プティヴェルド

GOOD VINTAGE
1848,65,70,1953,59,82,86,90,96,2000,08,09,10,16,17,18

ロスチャイルド家の礎をつくった5兄弟にちなみ「5本の矢」が刻印されている

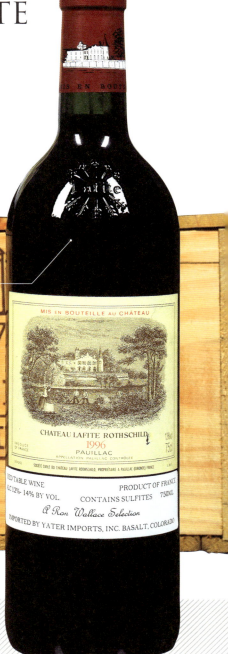

ポンパドゥール夫人も溺愛した、ボルドーで不動のトップシャトー

メドック格付にて第1級シャトーのトップに選ばれ、「1級中の1級」として不動の地位を確立し続けているのがシャトー・ラフィット・ロスチャイルド（ロートシルト）です。

18世紀、ルイ15世の愛妾であったポンパドゥール夫人がラフィットを溺愛し、ヴェルサイユ宮殿の晩餐会にて「私はラフィットしか飲まない」と宣言したことから、その名声は確固たるものとなりました。

宮廷で人気となったラフィットは**「The King's Wine（王のワイン）」** と呼ばれて名声を博し、フランス国内ですら品薄状態で、特にイギリスやオランダの輸入業者は獲得に苦労したようです。

当時、アメリカ合衆国公使として赴任していたトーマス・ジェファーソンもラフィットに魅せられた一人でした。彼が公使という立場を利用し、ラフィットを何樽も購入していたのは有名な話です。

20世紀後半には、彼が所有していたとされる1787年産のラフィットがパリで見つかり、大きな話題を呼びました。「Th. J」と彼のイニシャルが彫られたこのボトルは**「ジェファーソンボトル」** と呼ばれ、約10万5000ポンドという破格の値で落札されました。

しかし、結局このボトルには「偽物」という審判がくだります。詳しく調べた結果、ボトルに彫られていた彼のイニシャルは、当時は存在しない歯を削る機械で彫られていたというお粗末なものでした。

この騒動は、後にブラッド・ピット主演で映画化が進みましたが、偽物を買ってしまったアメリカの大富豪が自身の名誉のために映

画化の権利を買い取り、残念ながらお蔵入りとなっています。

　メドック格付で最高評価を受けたラフィットは、その後もワインビジネスを順調に進めていきました。
　しかし、当時のシャトーの所有者であったオランダ商人のヴィンテーンベルグ家はシャトーを競売に出してしまいます。そして競り合いの末、新たにこの最高峰のシャトーを射止めたのが、以前からワインビジネスに興味のあった金融界の重鎮ジェームス・ロスチャイルド男爵だったのです。結果、シャトー・ラフィットは、**「シャトー・ラフィット・ロスチャイルド(ロートシルト)」と名を変え、現在に至ります。**
　ロスチャイルド家所有となった後、メドック地区には「Golden age」と呼ばれる黄金時代が訪れ、高級ワインブームが到来しました。しかし、その喜びも束の間、害虫フィロキセラによりぶどう畑は全滅。さらには戦争による不況やドイツ軍の略奪を受けるなど、ラフィットは苦難の時代を迎えることになります。
　しかし、金融業界を牛耳るロスチャイルド家の手腕において1945年の終戦後からシャトーの立て直しが図られ、徐々にその名声は回復していきました。

　とはいえ、1959年以降はしばらく低迷が続きました。ボルドーが不作に泣いた70年代には、特にラフィットのワインは「水っぽい」と酷評されました。
　そこから大きく品質が改善したと認められたのは1981年のこと。その後、ボルドーの良年82年産をもって、各評論家はラフィットのスランプが終わったと宣言しました。ロバート・パーカーも、82年産のラフィットを「スーパーリッチ」「21世紀まで飲んではいけない」とそのワインの骨格の強さを強調したコメントを残し、

53年や59年以来の出来だと復活を喜びました。
　こうしてラフィットは、日本のバブル期、アメリカの高級ワインブーム、香港のオークションラッシュにも便乗し、高級ワインの代表としてその名を世界に轟かせていったのでした。

SECOND WINE

カリュアド・ド・ラフィット
CARRUADES DE LAFITE

ラフィットのセカンドワイン。セカンドとはいえ、ファーストワインと同じく丁寧に造られる極上の一本。年間2万ケースを生産し、常に品質が安定していることでも評価されている。その名は、1845年にシャトーが購入した畑の名称「カルーデス（CARRUADES）」から命名された

約**3.5**万円

メドック/マルゴー

シャトー・マルゴー
CHÂTEAU MARGAUX

参考価格

約**8**万円

主な使用品種

カベルネ・ソーヴィニヨン、メルロー、プティヴェルド

GOOD VINTAGE

1900,28,53,82,86,90,95,96,2000,05,09,10,15,16,17

描かれている建物は1801年に建てられたもの。当時のフランスでは珍しかったネオパラディアンスタイルの建物で、「メドックのヴェルサイユ」と称され、シャトーのシンボルとなった

400年以上前から別格の存在

　シャトー・マルゴーは**「ボルドーで最も女性的なワイン」**と称され、ラベルに描かれた美しい城館も相まって、上品でエレガントなワインとして有名です。若い頃は力強くパワフルで男性的な味わいなのですが、**熟成と共に物腰柔らかな女性的なワインへと変化**します。

　マルゴーが名を馳せ始めたのは16世紀のことでした。16世紀後半には、イギリス人やオランダ人の間でボルドーの赤ワインが流行し、それに便乗した粗悪なワインが多数横行していましたが、すでに上質なぶどう栽培技術を持っていたマルゴーのワインは**当時から他とは別格の品質**であり、その噂がヨーロッパ各国に流れるほどだったのです。1705年には、初めてロンドンでボルドーワインのオークションが行われましたが、このときも230樽出品されたマルゴーがすべて高値で完売しています。

　イギリスの初代首相と呼ばれるロバート・ウォルポール卿も、3か月に4樽という頻度でマルゴーを調達するほど、大のマルゴー好きでした。彼は英国人エリートの模範とされていたため、これにより高級クラレット（ボルドーの赤ワイン）を嗜むのが本物のエリートだというイメージが確立されていきました。

　アメリカの第3代大統領トーマス・ジェファーソンもマルゴーを大変気に入り、"There couldn't be a better Bordeaux bottle"（どのボルドーワインよりも素晴らしい）とコメントを残しています。

　また、**ヴェルサイユ宮殿においても、マルゴーはラフィットと人気を二分する存在**で、ポンパドゥール夫人がラフィットを溺愛したのに対し、デュバリー夫人はマルゴーを気に入り、そこでも二人は競い合っていたようです。

1855年のメドック格付でも予想どおり第1級に選ばれたマルゴーは、その後も順調に「ワインの女王」としての道を歩んでいきました。
　しかし、ほどなくしてボルドーを襲った害虫フィロキセラによりマルゴーの畑はほぼ全滅。その後も世界大恐慌や世界大戦など苦難の時代が続いたことでマルゴーの経営は悪化の一途をたどり、その評判を急激に落とすことになってしまいました。
　そんなシャトーを救ったのが、1900年産のマルゴーでした。1900年はボルドー全体が良年ではありませんでしたが、**特にマルゴーの1900年産は他のシャトーと一線を画す出来栄えで、このヴィンテージによってマルゴーはその歴史と威厳を保つことができた**のです。
　1900年産マルゴーは、100年を超えてなお新鮮さが残り、飲み頃は2030年まで続くと言われる驚異的なワインです。ワイン評論家のロバート・パーカーも諸手を挙げて大絶賛しました。

　こうして復活を遂げたマルゴーでしたが、1970年代に入ると、発表するワインがことごとく評論家から酷評され、特に73年の不出来が致命傷となり、再びその名声は地に落ちてしまいました。
　その結果、1977年にはギリシャ人大富豪アンドレ・メンツェロプロスが、シャトーを72ミリオンフラン(当時の17億円)という破格の値で購入。その後、父親からシャトーを受け継いだコリーヌ女史がシャトーの立て直しを図り、今ではわずか81名の社員(2018年5月時点)で100億円を稼ぎ出すシャトーに成長しました。現在は、**最も少人数で100億円を稼ぐ企業**としても世界的に知られ、年間30万本ものワインを生産しています。

SECOND WINE

パヴィヨンルージュ・ドゥ・シャトー・マルゴー
PAVILLON ROUGE DU CH.MARGAUX

今から100年以上も前の1908年に、ファーストワインの基準に満たないぶどうを使用して造られ始めたマルゴーのセカンドワイン。今ではファーストワイン用のぶどうを使用し、パヴィヨンルージュ独自のブレンドで、マルゴーらしいシルキーな味わいを醸し出している。強いタンニンと果実味が豊富な、30～40年は熟成できる長期熟成型ワインとして有名

約 **2.3** 万円

ボルドー5大シャトー

メドック/ポイヤック

シャトー・ラトゥール
CHATEAU LATOUR

参考価格
約**9**万円

主な使用品種
カベルネ・ソーヴィニヨン、メルロー、カベルネ・フラン

GOOD VINTAGE
1921,48,49,55,59,61,62,66,71,75,78,82,90,95,2000,03,05,09,10,12,15,16,17

長年シャトーのシンボルとなっている「ラトゥールの塔」。シャトーの象徴として、今なお現地で大切に保存されている

64

グッチのオーナーが実現した安定の品質

　1718年、「The prince of wine（ぶどうの王子）」と呼ばれるセギュール伯爵が所有したことから、ラトゥールでは本格的なワイン造りが始まりました。

　伯爵はその醸造手腕を発揮し、後のメドック格付1級獲得に大きく貢献しました。格付以前の1787年でさえ、すでに他のシャトーの20倍以上の価格で取引されていたという記録が残っており、当時から人気が高かったことがうかがえます。

　ラトゥールのワインは、長期熟成型の多いボルドー、そして5大シャトーの中でも特に「長命」だと言われています。タンニンが非常に強く、**本当の味わいを知るには少なくとも15年はかかる**とされているのです。

　これは、ラトゥールの持つ恵まれた土壌と立地条件によります。シャトー近隣に広がる「ランクロ（L'Enclos）」と呼ばれる47ヘクタールほどの畑は、ボルドーで最も優れたテロワールとも言われる土地です。この土地の100年以上の樹齢を誇る樹から生まれるぶどうにより、パワフルなタンニンと優雅さ、深さが形成されるのです。

　また近年は、その**品質が非常に安定している**ことでも有名です。「ボルドーの悪夢」と言われるほど寒く、日射しが不十分でワインの生産を断念したシャトーが続出した1991年ですら、ラトゥールは生産量を抑えながらもロバート・パーカーから「凝縮感と品がある」とコメントされる素晴らしいワインを生産しました。

　さらに1993年、**グッチやクリスティーズのオーナーでもあるフランスの大富豪フランソワ・ピノー氏**の所有となったラトゥール

ボルドー5大シャトー

では、豊富な資金力によって最新設備が整えられました。コンピュータでの温度管理、タンクによる味のバラつきを防ぐために特大タンクで一度にブレンドするなどし、さらなる品質の安定を実現したのです。

そのかいもあり、昨今で最も暑かったと記憶される2003年にも、多くのシャトーが乾燥と水不足に喘（あえ）ぐなか、早摘みのメルロー種の比率を高めて仕上げたラトゥールのワインは、パーカーポイントで**文句なしの100点を獲得**しました。

2012年には、プリムール（ボルドー地方で古くから行われているワインの先物取引。熟成中の段階で売りに出される）のシステムからの脱却を発表したことでも話題となりました。これはつまり、**飲み頃まで熟成させてから出荷することにした**ということです。

そのためラトゥールでは自社セラーで数年間の熟成が必要となり、その間は資金回収ができません。これも資金繰りに問題のないピノー氏のもとだからこそ決断に踏み切れたと言えるでしょう。

これにより、一部の投資家やワインファンドによってプリムールで買い占められていたラトゥールが、一般消費者にも手の届く価格になるのではないかと期待が高まっています。

さらに、ラトゥールは2015年から100％オーガニック醸造を行うと発表しました。

以前から、農薬のワインへの影響は大きな問題でしたが、それは収穫されたぶどうが洗浄されることなく、摘まれたまま圧搾（つ）されるからです。つまり、ぶどうに散布された農薬がそのままワインにも入るため、以前からその健康被害が指摘されていたのです。実際、ワイン醸造家の中には農薬が原因で健康を害した人もいたほどです。

一方で、オーガニック農法は手間ひま、そして人件費などの費用もかかります。また、生産量も20％ほど減るため導入に足踏みするシャトーも多いのが現状です。

特に広い畑を所有する場合は膨大な経費がかかりますが、ラトゥールは2008年よりオーガニックへ向けて本格的な取り組みを始めました。そして、とうとう2018年産からはオーガニックワインとしての発売を行うに至っています。

SECOND WINE

レ・フォール・ド・ラトゥール
LES FORTS DE LATOUR

1966年の初ヴィンテージ以降、限られた年しか生産されなかったが、1990年からはセカンドワインとして本格的に生産され始めた。ファーストワイン用のぶどうのうち、ブレンド時の試飲判定で品質が十分でないと判定されたものが使用されている。セカンドでありながら、メドック格付で選ばれた他のワインに並ぶ評価を受ける

約 **2.7**万円

THIRD WINE

ポイヤック・ド・ラトゥール
PAUILLAC DE LATOUR

セカンドワインの基準に満たないぶどうを使用したサードワイン。ファーストの10分の1ほどの生産量で希少性が高い。実は、サードワインの生産を始めたのはラトゥールが初めて

約 **1**万円

ボルドー5大シャトー

グラーヴ／ペサックレオニャン

シャトー・オーブリオン
CHATEAU HAUT-BRION

参考価格

約**6**万円

主な使用品種

メルロー、カベルネ・ソーヴィニヨン、カベルネ・フラン

GOOD VINTAGE

1926,28,45,55,61,89, 90,98,2000,05,09,10, 12,15,16

他には見られない独特なボトルの形は、偽オーブリオンが出回り、手をこまねていたシャトーが特別なボトルを考案したことから生まれたと言われている

審査対象エリア外なのに1級に選出！
イギリスに愛されたシャトー

　1855年のメドック格付にて、唯一審査対象のメドック地区ではなく、グラーヴ地区から1級に選ばれたのがシャトー・オーブリオンです。1500年代から醸造を行う歴史あるシャトーとして、すでにヨーロッパ中にその名声が広まっていたことから、**唯一例外が認められた**のです。最近では、シャトー内で1423年にぶどうを栽培していた記録も見つかり、最も歴史あるシャトーとしても話題を集めています。

　もともと沼地であったメドックに比べ、しっかりとした土壌、豊富な日射量が確保されているグラーヴ地区は、古くからぶどう栽培に適した土地として栄えてきました。

　オーブリオンのワインにもグラーヴらしさが出ており、メドックで造られる他の5大シャトーと比べると、その柔らかさとシルキーさから最も親しみやすく、また若いうちから楽しめるため**「5大シャトーの中で飲み頃が最も長い」**とも言われています。

　オーブリオンは、特にイギリスにおいて高い人気を誇りました。1660、61年の王室主催ディナーでは、169本のオーブリオンがサーブされたという記録がチャールズ2世時代の台帳に残されています。そのため、オーブリオンは**最も古いラグジュアリーブランド**としても認められているのです。

　また、当時のロバート・パーカーと言われ、イギリスの官僚でもあったサミュエル・ピープスも、ロンドンで試飲したオーブリオンについて「今まで出会ったことのない素晴らしい特別なワインを味わった。Ho Bryanというフランスの赤ワインだ」とコメントを残しています。さらに、1666年にはロンドンにオーブリオン

専門のビストロがオープンするなど、その人気のほどがうかがえます。

この時代からオーブリオンとイギリスとの関係は長きにわたって続いており、**今なおオーブリオンは、イギリスの著名な評論家たちから高い評価を受けている**のです。

オーブリオンは上質の白ワイン**「シャトー・オーブリオン・ブラン(CH.HAUT BRION BLANC)」**を産出していることでも有名です。

グラーヴ地区の特徴として、メドックより平均気温が2～3度高く、これは白ワイン用のセミヨン種やソーヴィニヨンブラン種に適した環境でもあるのです。

この白ワインはパーカーポイント高得点を毎年獲得したうえ、生産量も年間わずか450～650ケース(5400～7800本)と非常に少量のため、オークションでも高値で取引されています。

シャトー・オーブリオン・ブラン
CH.HAUT BRION BLANC
約**10**万円

SECOND WINE

ル・クラレンス・ド・オーブリオン
LE CLARENCE DE HAUT-BRION

オーブリオンのセカンドワイン。オーブリオンはセカンドワインの生産も古く、17世紀には造られていたとされる。当初は「シャトー・バーン・オーブリオン」というブランドで発売されていたが、クラレンス・ディロン家の所有75周年を記念して2007年に「ル・クラレンス・ド・オーブリオン」に変更となった。ファーストワインと同じ畑で取れた、ファーストの基準に満たないぶどうを使用しているが、そのクオリティはロバート・パーカーも大絶賛するほど。タバコやシルキーな風味が特徴

約 **1.5**万円

ボルドー5大シャトー

> メドック／ポイヤック

シャトー・ムートン・ロスチャイルド（ロートシルト）

CHÂTEAU MOUTON ROTHSCHILD

参考価格
約 7 万円

主な使用品種
カベルネ・ソーヴィニヨン、メルロー、カベルネ・フラン、プティヴェルド

GOOD VINTAGE
1929,45,47,55,59,61,
82,86,98,2005,09,10,
15,16,17,18

毎年ラベルのデザインを著名アーティストが手掛けることで有名

「ピカソ」のラベルに込められた積年の想い

　ムートン・ロスチャイルド（ロートシルト）といえば**毎年変わる芸術的なラベル**が有名です。ラベルを手がけたアーティストには、ピカソ、シャガール、フランシス・ベーコンなど、絵画オークションでも高値で落札される一流アーティストが名を連ねます。

　中でもジョン・ヒューストン作の可愛らしいムートン（羊）を描いた1982年産（左写真）は、ボルドーが良年だったことも相まってコレクターは必ず数本を手元に確保する人気ヴィンテージです。

　また、**ピカソが描いた1973年産**もムートンファンには見逃せません。この年はシャトーにとって「記念すべき年」だからです。

　ムートンが今の名前になったのは1853年のこと。金融で大儲けしていた英国のロスチャイルド家の一員、ナサニエル・ロスチャイルドがシャトーを購入し、「シャトー・ムートン・ロスチャイルド」に名を改め、新しい歴史が始まりました。

　ムートンは、ラフィットやラトゥールを所有していた２代前のオーナーのセギュール伯爵により土台がつくられ、次のオーナーのブラーヌ男爵がラフィットやラトゥールと同等の価格で取引されるほどに品質を上げました。

　そのため、ムートン・ロスチャイルドに名を改めた２年後の「メドック格付」では、誰もがムートンの１級獲得を疑いませんでした。

　しかし、**結果はまさかの「２級」**。ナサニエルがイギリス人であったこと、また父親がナポレオンの敗戦を利用して巨万の富を得た人物であったことなどから、フランス人が占める審査員たちはナサニエルを快く思っていなかったのではないか、と様々な憶測が飛び交いました。

発表の結果を受けたナサニエルは、「1級になれなかったが2級には甘んじない。ムートンはムートンである」と言い残し、1級獲得に奮起します。

そして118年の歳月を経て、ムートンはついに1級へ昇格しました。これが**記念すべき1973年**なのです。皮肉にも1973年は天候に恵まれず、品質は最悪とも言える出来栄えでしたが、ムートンファンは勝利の美酒としてお祝い時には必ずこの1本を味わいます。

ピカソが描いた、1973年産のムートンのラベル
©Gilbert LE MOIGNE

「**PREMIER JE SUIS , SECOND JE FUS MOUTON NE CHANGE（1級を獲得した。以前は2級であったがムートンは昔も今も変わらない）**」と書かれています。

ちなみにムートンは、カリフォルニアがまだワイン産地として世界的に知られていなかった1970年代に、カリフォルニア進出を試みたフランスシャトーとしても有名です。

カリフォルニアワインの父と呼ばれたロバート・モンダヴィ氏と共に、オールドワールドとニューワールドの融合である「オーパスワン」（→198ページ）を生み出しました。

SECOND WINE

ル・プティムートン・ド・ムートン・ロスチャイルド
LE PETIT MOUTON DE MOUTON ROTHSCHILD

1994年より本格的に生産され始めたムートンのセカンドワイン。若樹のぶどうを使用し、ファーストワインと同じ作業で造られる。発売当初の評価は決して高くなかったが、2005年以降は品質を上げ、2009年、2010年の高評価によって、今では5大シャトーのセカンドワインでは一番の取引数となっている

約 **2.8**万円

ボルドー5大シャトー

メドック格付 シャトー一覧

第1級 PREMIERS GRANDS CRUS (プルミエ・グランクリュ)

シャトー名	AOC	シャトー名	AOC
シャトー・ラフィット・ロスチャイルド	ポイヤック	シャトー・マルゴー	マルゴー
シャトー・ラトゥール	ポイヤック	シャトー・ムートン・ロスチャイルド	ポイヤック
シャトー・オーブリオン	ペサック・レオニャン		

第2級 DEUXIÉMES GRANDS CRUS (ドゥジエム・グランクリュ)

シャトー名	AOC	シャトー名	AOC
シャトー・レオヴィル・ラス・カーズ	サンジュリアン	シャトー・ピション・ロングヴィル・バロン	ポイヤック
シャトー・デュクリュボーカイユ	サンジュリアン	シャトー・ピション・ロングヴィル・コンテス・ド・ラランド	ポイヤック
シャトー・レオヴィル・ポワフェレ	サンジュリアン	シャトー・デュルフォール・ヴィヴァン	マルゴー
シャトー・レオヴィル・バルトン	サンジュリアン	シャトー・ローザン・セグラ	マルゴー
シャトー・グリュオーラローズ	サンジュリアン	シャトー・ローザン・ガシー	マルゴー
シャトー・コスデストゥルネル	サンテステフ	シャトー・ラスコンブ	マルゴー
シャトー・モンローズ	サンテステフ	シャトー・ブラーヌ・カントナック	マルゴー

第3級 TROISIÉMES GRANDS CRUS (トロワジエム・グランクリュ)

シャトー名	AOC	シャトー名	AOC
シャトー・ラ・ラギューヌ	オー・メドック	シャトー・キルヴァン	マルゴー
シャトー・ラグランジュ	サンジュリアン	シャトー・ディッサン	マルゴー
シャトー・ランゴア・バルトン	サンジュリアン	シャトー・マレスコ・サン・テグジュペリ	マルゴー
シャトー・カロンセギュール	サンテステフ	シャトー・ボイド・カントナック	マルゴー
シャトー・ジスクール	マルゴー	シャトー・デミライユ	マルゴー
シャトー・パルメ	マルゴー	シャトー・フェリエール	マルゴー
シャトー・カントナック・ブラウン	マルゴー	シャトー・マルキ・ダレーム・ベケール	マルゴー

第4級 QUATRIÉMES GRANDS CRUS（カトリエム・グランクリュ）

シャトー・ラ・トゥール・カルネ	オー・メドック	シャトー・ラフォン・ロシェ	サンテステフ
シャトー・ブラネール・デュクリュ	サンジュリアン	シャトー・デュアール・ミロン	ポイヤック
シャトー・ベイシュヴェル	サンジュリアン	シャトー・ブリューレ・リシーヌ	マルゴー
シャトー・サン・ピエール	サンジュリアン	シャトー・ブージェ	マルゴー
シャトー・タルボ	サンジュリアン	シャトー・マルキ・ド・テルム	マルゴー

第5級 CINQUIÉMES GRANDS CRUS（サンキエム・グランクリュ）

シャトー・オー・バタイエ	ポイヤック	シャトー・ベルグラーヴ	オー・メドック
シャトー・グラン・ピュイ・ラコスト	ポイヤック	シャトー・カマンサック	オー・メドック
シャトー・グラン・ピュイ・デュカス	ポイヤック	シャトー・カントメルル	オー・メドック
シャトー・ランシュ・ムーサ	ポイヤック	シャトー・コス・ラボリ	サンテステフ
シャトー・オー・バージュ・リベラル	ポイヤック	シャトー・ポンテ・カネ	ポイヤック
シャトー・クレール・ミロン	ポイヤック	シャトー・ランシュバージュ	ポイヤック
シャトー・クロワゼ・バージュ	ポイヤック	シャトー・ダルマイヤック	ポイヤック
シャトー・ドーザック	マルゴー	シャトー・ペデスクロー	ポイヤック
シャトー・デュ・テルトル	マルゴー	シャトー・バタイエ	ポイヤック

第1級 PREMIERS GRANDS CRUS
プルミエ・グランクリュ

第2級 DEUXIÉMES GRANDS CRUS
ドゥジエム・グランクリュ

第3級 TROISIÉMES GRANDS CRUS
トロワジエム・グランクリュ

第4級 QUATRIÉMES GRANDS CRUS
カトリエム・グランクリュ

第5級 CINQUIÉMES GRANDS CRUS
サンキエム・グランクリュ

ボルドー左岸

Left Ba
Bordea

NK
UX

　ボルドーを流れるガロンヌ川は、市の北部でドルドーニュ川と合流し、ジロンド川となって大西洋にそそぎます（→ 21 ページ参照）。
　ボルドーではその流域に沿ってぶどう畑が並んでおり、その川を挟み、メドック地区、グラーヴ地区、ソーテルヌ地区などがある側を「左岸」、ポムロール地区、サンテミリオン地区などがある側を「右岸」と呼びます。
　5大シャトーがあるのも左岸ですが、他にも左岸には歴史ある偉大なシャトーが多数存在します。そのうち、いくつかを紹介していきましょう。

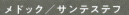

メドック／サンテステフ

シャトー・カロンセギュール
CHÂTEAU CALON-SÉGUR

参考価格

約 **1.4**万円

主な使用品種

カベルネ・ソーヴィニヨン、メルロー、カベルネ・フラン、プティヴェルド

GOOD VINTAGE

1924,26,28,29,47,49, 53,95,2000,05,09,10, 15,16,17,18

愛を伝えるメッセージとして世界中で知られ、バレンタインデーに飲みたいワインとしても一番の人気を誇る

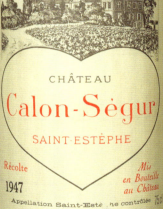

80

ぶどうのプリンスに愛された「愛」のワイン

　ハートのラベルが印象的なカロンセギュールは、その愛らしいラベルから**時代を問わずロマンティストたちから愛されるワイン**です。

　しかし、このシャトーを最も愛したのは、かつてのオーナーであったセギュール伯爵自身でした。ボルドーが栄光の頂点に達した18世紀、ラトゥール、ラフィット、ムートンなど名だたるシャトーを所有していたセギュール伯爵は、ルイ15世から「ぶどうのプリンス」と呼ばれるほど、ワインで名声を博していました。

　そんな彼が何よりも欲しがったのが当時「カロン」と呼ばれたこのシャトーだったのです。念願のカロンを手にした伯爵は、自身の名を加え「シャトー・カロンセギュール」と改名しました。

　のちに伯爵は、所有していたシャトーを手放すことになりましたが、カロンセギュールだけは最後まで手元に残し、「ラトゥールやラフィットでもワインを造っていたが、私の心はカロンセギュールにある」とその熱い思いを言葉に残しています。**そんなシャトーを愛した伯爵の気持ちをハートマークに託し、ラベルに描いた**のは有名な話です。

　その後、1894年にはヨーロッパの名家ガスクトン家がシャトーを受け継ぎ、長きにわたりカロンセギュールを守り続けてきましたが、とうとう2012年にはフランスの大手保険会社に170ミリオンユーロで買収されてしまいました。

　買収後、20ミリオンユーロをかけて行った設備の改造、ぶどうの植え替えなどが成功を収め、劇的に品質が向上したカロンセギュールは、現在では**メドック格付3級の中ではトップに筆頭するシャトーのひとつ**に躍り出ています。

> メドック／サンテステフ

シャトー・コスデストゥルネル
CHATEAU COS D'ESTOURNEL

参考価格

約 **2.1** 万円

主な使用品種

カベルネソーヴィニヨン、メルロー、カベルネ・フラン、プティヴェルド

GOOD VINTAGE

1953,55,82,85,90,95, 96,2000,01,02,03,04, 05,06,08,09,10,11,14, 15,16,17,18

OTHER WINE

ル・メドック・ド・コス
LE MÉDOC DE COS

約 **0.4** 万円

お手頃なル・メドック・ド・コスにも、オリエンタルなコスデストゥルネルらしく、ゾウのイラストが描かれている

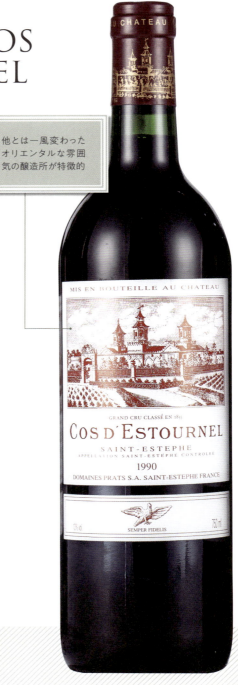

他とは一風変わったオリエンタルな雰囲気の醸造所が特徴的

「インド」の香り漂う!? オリエンタルなフランスワイン

　メドック格付で第2級に認定されているコスデストゥルネルは、2級でありながら1級の質に迫る<u>「スーパーセカンド」の筆頭</u>と呼ばれて久しいシャトーです

　コスデストゥルネルと言えば、他とは一風変わった醸造所（ラベルにも記載）が特徴的です。インドとの貿易で巨万の富を築いたルイ・ガスパール・デストゥルネル氏がシャトーを購入した際、この**<u>オリエンタルな雰囲気の醸造所</u>**がデザインされました。

　彼は、インドとの貿易で成功を収めた持ち前のビジネスセンスを生かし、斬新な戦略でワインビジネスを進めていきました。

　たとえば、19世紀初めのボルドーでは、シャトーとネゴシアン（仲介業者）が2人3脚で販売を行っていましたが、コスデストゥルネルはネゴシアンを通さずに直接エンドユーザーへ販売して成功を収めています。また、強いパイプを持つインドを中心に海外への輸出も展開し、シャトーを成長させました。

　当主のデストゥルネルが亡くなった1852年には、新しいオーナーの意向からネゴシアンやクルティエ（ネゴシアンとシャトーの仲介業者）を通すようになりましたが、この方針転換がシャトーの命運を分けることになりました。

　1855年に実施されたメドック格付では、出品シャトーの選定・審査を主にネゴシアンやクルティエが担っていたため、**方針を転換していなければ2級獲得はなかったかもしれない**のです。コスデストゥルネルの醸造家プラッツ氏にお会いした際も、「あの時、方針を変えずネゴシアンを介していなければ、シャトーの存続はなかったかもしれない」と話していました。

メドック／サンジュリアン

シャトー・レオヴィル・バルトン
CHÂTEAU LÉOVILLE BARTON

参考価格
約 **1.1** 万円

主な使用品種
カベルネ・ソーヴィニヨン、メルロー、カベルネ・フラン

GOOD VINTAGE
1945,48,49,53,59,91,
2000,03,09,10,14,15,
16

醸造のために間借りしているシャトー・ランゴアバルトンの門が描かれている

シャトー・レオヴィル・ラスカーズ
CHÂTEAU LÉOVILLE LAS CASES

参考価格
約 **2.6** 万円

主な使用品種
カベルネ・ソーヴィニヨン、メルロー、カベルネ・フラン

GOOD VINTAGE
1982,85,86,90,96,
2000,05,06,09,10,12,
14,15,16,17,18

> シャトーのランドマークとなっているラスカーズの門

シャトー・レオヴィル・ポワフェレ
CHÂTEAU LÉOVILLE POYFERRÉ

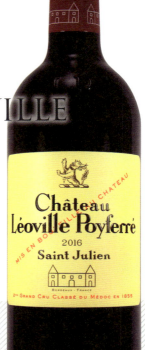

参考価格
約 **1.2** 万円

主な使用品種
カベルネ・ソーヴィニヨン、メルロー、プティヴェルド、カベルネ・フラン

GOOD VINTAGE
1982,90,2000,03,
04,05,08,09,10,14,
15,16,17,18

フランス革命で分断されてしまった「レオヴィル3兄弟」

　メドックのサンジュリアン村の北部には、レオヴィル・バルトン、レオヴィル・ラスカーズ、レオヴィル・ポワフェレの**「レオヴィル3兄弟」**があります。

　実はもともと、この3つは「ドメーヌ・ド・レオヴィル」という1つのシャトーでした。メドックで最も古く、歴史ある農園を持つドメーヌ・ド・レオヴィルでしたが、フランス革命の影響で1820年から1840年の間に領土が3つに分断されてしまいました。そして設立されたのが、この3つのシャトーだったのです。分断後に迎えた1855年のメドック格付では、**見事3つのシャトーすべてが堂々の2級を獲得**しました。

　このうちレオヴィル・バルトンは、常に安定した品質と良心的な価格で、ワイン愛好家からも高く支持されるシャトーです。コストパフォーマンスの高いシャトーとしても毎年その名が挙がります。

　2級を獲得した高級シャトーには珍しく、**バルトンは独自のシャトーを持ちません**。シャトーの所有者であるバルトン家が持つシャトー・ランゴア・バルトンの一部を間借りして醸造を行っています。良心的な価格設定にはこうした理由もあるのです。

　また、通常生産されるのは主にボトルサイズ（750ml）やマグナムサイズ（1500ml）ですが、バルトンでは大勢の人が同じワインを分かち合えるよう、アンペリアル（750mlサイズ8本分）以上のボトルも積極的に生産しています。

　私も以前、200名が集まるパーティー会場でバルトンのメルシオール（750mlサイズ24本分）をいただいたことがありますが、24本分の大きなボトルは存在感があり、一本のワインを大人数で分け

る醍醐味を味わえました。

レオヴィル・ラスカーズも「スーパーセカンド」の代表格として毎年高い評価を受けています。高級ワインを専門に取引するLiv-ex社が調べた2017年の統計では、**ボルドー左岸シャトーで８番目に高い価格で取引されている**こともわかっています。

ラスカーズの畑はサンジュリアン村の一等地に位置しており、この畑では、近くに流れるジロンド川の影響により**「マイクロクライメイト」**と呼ばれる特殊な気候の変化が起こります。この気候によりぶどうが早く実り、さらに川から発生する霜が果実を守る役割を果たしているのです。中でもカベルネソーヴィニョン種とカベルネフラン種はマイクロクライメイトの恩恵を受けるため、ラスカーズのワインは高い品質を保つことができます。

特にその実力を発揮したのが1982年と86年産で、１級にも負けない品質を表現し、ロバート・パーカーのお気に入りシャトーとなりました。

レオヴィル・ポワフェレは、３つの中では最もエレガントなワインとされています。初代の所有者ポワフェレ男爵の名から命名されたこのシャトーは、19世紀後半から20世紀にかけては３つのシャトーの中で最も高品質なワインを醸造していましたが、第２次世界大戦後にシャトーの経営が悪化して以降、その名声は低迷してしまいました。

しかし、1979年にディディエ・キュヴリエ氏が所有者に加わって以降、ぶどう畑やシャトーの改善が図られ、1994年からは著名なワインコンサルタントのミシェル・ローラン氏と共に品質が大幅に改善されました。生まれ変わった新生ポワフェレは、**「サンジュリアンを代表するクオリティ」**と評されるまでになっています。

> メドック／サンジュリアン

シャトー・グリュオーラローズ
CHÂTEAU GRUAUD LAROSE

参考価格
約 **1** 万円

主な使用品種
カベルネ・ソーヴィニヨン、メルロー、カベルネ・フラン、プティヴェルド、マルベック

GOOD VINTAGE
1928,45,61,82,86,
2000,09,18

LE VIN DES ROIS LE ROI DES VINS とは
「ワインの王、王のワイン」という意味

沈没船から引き揚げられた1本80万円のワイン

　1991年、フィリピン沖で見つかった沈没船マリーテレーゼ号からとある高級ワインが引き揚げられました。

　発端は1872年のこと。1865年産（もしくは69年産のいずれか）のグリュオーラローズ2000本を積んだマリーテレーゼ号がボルドーからサイゴンに向かう途中で沈没。100年以上の時を経て引き揚げられたグリューオラローズは、2013年サザビーズのオークションにかけられ、**1本約80万円で落札**されました。

　シャトー・グリュオーラローズは、格付2級に輝く長い歴史を誇るシャトーです。画期的なビジネス戦略を駆使し、ボルドーではネゴシアン（仲介業者）が強力な販売網を広げていた18世紀前半にも、ネゴシアンを介さずに直接消費者へ販売していました。ワインが熟成を終えたとき、**シャトーに大きな旗を揚げ、人々に知らせていた**ようです。

　また、シャトー内で風変わりなオークションも開催し、通常のオークションは買い手がつかなければ入札額を下げていきますが、買い手がオークションに参加するまで価格をつり上げるというユニークな手法でワインの価値を高めていたようです。

　ボルドーの多くのシャトーが傑作を発表した2009年には、グリュオーラローズも最高のワインを生み出しました。
　2009年産は、ロバート・パーカーが「1990年以来の最高の出来」とコメントしたことから多くの注目を集めました。さらに、翌年の2010年も好評を博し、その年に行われたLiv-ex社による毎年恒例のプリムール調査においては、業界で2番目に人気のあるシャトーとして評価されています。

ボルドー左岸

メドック／サンジュリアン

CHATEAU DUCRU-BEAUCAILLOU

シャトー・デュクリュボーカイユ

参考価格
約 **2.1** 万円

主な使用品種
カベルネ・ソーヴィニヨン、メルロー、カベルネ・フラン

Good Vintage
1947,53,61,70,82,85,95,2000,03,05,06,08,09,10,14,15,16,17,18

淡いオレンジ色のラベルが、店頭でも一際目を引く

Second Wine

LA CROIX DE BEAUCAILLOU
ラ・クロワ・ド・ボーカイユ

約 **0.6** 万円

2009年からは、ローリング・ストーンズのミック・ジャガーの娘ジェイドがラベルをデザイン（写真はジェイドデザインのもの）

※写真はアンペリアルサイズ（6000ml）

■「石」に守られ、愛されたシャトー

　メドック格付では第2級に選ばれたデュクリュボーカイユの畑は、サンジュリアン村では珍しく、たくさんの大きな石に覆われています。この石によって暑さ・寒さからぶどうの根が守られ、加えて水はけもよいため、健康的なぶどうが育つのです。この**ボーカイユ（美しい石）が、シャトー独自の美味しいワインが造られる理由のひとつ**であり、シャトー名の由来にもなったのでした。

　正式にシャトー・デュクリュボーカイユとなったのは、1795年にベルトラン・デュクリュ氏がシャトーを購入し、自身の名を付け加えたときです。

　70年以上シャトーを守ったデュクリュ家は、メドック格付で2級を獲得後、価値が上がったシャトーを大手ワイン商であったナサニエル・ジョンストン氏へ100万フランで売却しました。購入者となったジョンストン氏は、当時ボルドーのシャトーを悩ませていたベト病（ぶどうや野菜の病気）に効くボルドーソープを開発した人物でもあります。

　最近では、セカンドワイン**「ラ・クロワ・ド・ボーカイユ（LA CROIX DE BEAUCAILLOU）」**のラベルを、ローリング・ストーンズのミック・ジャガーの娘であり、ジュエリーデザイナーとしても人気を博すジェイド・ジャガーがデザインしたことでも話題となりました。

　ストーンズとボーカイユという「石」がつなげた縁により生まれたこのラベルは、若年層へのマーケティングにつながりました。ワイン自体の評価も高く、「ゴージャスでバランスがいい」と評論家たちからの評価も上々です。

ボルドー左岸

| メドック／サンジュリアン |

CHÂTEAU BEYCHEVELLE

シャトー・ベイシュヴェル

参考価格
約 **1.3**万円

主な使用品種
カベルネ・ソーヴィニヨン、メルロー、プティヴェルド、カベルネ・フラン

GOOD VINTAGE
1948,53,82,2005,10,16,18

シャトーの名前の由来にもなった船の半旗

ぶどう酒の神ディオニュソスを守るギリシャ神話のグリフォン

耳をすませば、船乗りの声が聞こえてくるかも？

シャトー・ベイシュヴェルは、1565年設立という長い歴史を持つシャトーです。

ラベルに描かれる船の半旗（帆を半分だけ下げている）は、16世紀にこの地の領主だったフランス海軍のエペルノン侯爵に敬意を払い、**ジロンド川を渡る船がシャトーの前で帆を下げていた様子を描いたもの**です。船乗りたちが叫んでいた「ベッセ ヴォワール（帆を下げろ）」がシャトー名の由来になったとも言われています。

また、船にはぶどう酒の神ディオニュソスを守る**ギリシャ神話のグリフォン**が描かれており、グリフォンが縁起の良いシンボルと見なされる中国でもベイシュヴェルは人気を博しました。

いち早く中国の市場へ乗り出したベイシュヴェルは各地でテイスティングを行い、中国市場への進出に成功。その結果、2009年以降はアジアを中心に輸出量を劇的に伸ばしています。

ベイシュヴェルといえば、その美しいシャトーでも有名です。広大な敷地を所有していたベイシュヴェルは、長い歳月をかけてシャトーと庭園の再構築を行い、1757年には**「ボルドーのヴェルサイユ」と呼ばれる美しいシャトー**を完成させました。

シャトーには美術館のように様々なアートが飾られ、1990年にはコンテンポラリーアートを支援するベイシュヴェル財団が創設。ワイン愛好家だけでなくアーティストや美術関係者を含め、毎年約2万人が訪れる名所となりました。

ボルドー左岸

メドック／ポイヤック

シャトー・ピション・ロングヴィル・バロン

CHATEAU PICHON-LONGUEVILLE BARON

参考価格

約 1.8 万円

主な使用品種

カベルネ・ソーヴィニヨン、メルロー

Good Vintage

1989,90,96,2000,01, 03,08,09,10,14,15,16, 17,18

シャトー・ピション・ロングヴィル・コンテス・ド・ラランド

CHATEAU PICHON-LONGUEVILLE COMTESSE DE LALANDE

参考価格

約 2 万円

主な使用品種

カベルネ・ソーヴィニヨン、メルロー、プティヴェルド、カベルネフラン

Good Vintage

1945,82,86,95,96, 2000,03,10,15,16, 17,18

息子が受け継いだシャトー、娘が受け継いだシャトー

　1850年、ピション・ロングヴィルとして古くから名声を得ていたシャトーのオーナーが亡くなり、シャトーは2つに分割され、5人の子に相続されることになりました。

　このうち、2人の息子が相続したシャトーは「ピション・ロングヴィル・バロン」に、3人の娘が相続したシャトーは「ピション・ロングヴィル・コンテス・ド・ラランド」となりました。

　5年後に開催されたメドック格付では、共に2級を獲得。**両シャトーは、現在も1級に迫る「スーパーセカンド」として名声を得ています。**

　このうちピション・ロングヴィル・バロンは、息子たちが受け継いだこともあってか男性的なイメージが強く、実際にタンニンがしっかりとしたパワフルな味わいです。十分な熟成期間を経ていないものは少々強すぎる印象すら与えます。

　しかし、**時間の経過と共に見事に濃艶（のうえん）な女性的な味わいへと変化**します。シルキーな口当たり、ビロードのような滑らかさは、ピション・ロングヴィル・バロンにしか醸し出せないマジックだと言われ、高く評価されています。

　一方のコンテス・ド・ラランドは「ラランドの王女」という意味で、ラランド伯の妻（ラランドの王女）が3人の娘たちからシャトーを購入したことで命名されました。現在残る美しいシャトーも、このラランドの王女の功績です。シャトーの趣や味わいが女性らしくふくよかで品格を感じるのは、こうして代々女性がかかわることが多かったからかもしれません。ラランドは、**「ポイヤックの貴婦人」とも呼ばれ、エレガンスさと力強さを兼ね備えた味わい**で注目を集めています。

ボルドー左岸

メドック／ポイヤック

シャトー・デュアールミロン
CHATEAU DUHART-MILON

参考価格

約 **1** 万円

主な使用品種

カベルネ・ソーヴィニヨン、メルロー

GOOD VINTAGE

2005,06,08,09,10,12,
14,15,16,17,18

フォイルには、シャトーを所有するラフィットのマークが描かれている

中国がラフィット人気で沸いた2009年から2011年にかけては「ラフィットのセカンド」とも呼ばれて注目を集めた

廃業寸前のボロボロの状態から、「1級シャトーのセカンド」と言われるまでに

　実はこのシャトー、初代所有者は**ルイ15世に仕えるサー・デュアールと呼ばれた「海賊」**でした。サー・デュアールの末裔は1950年代までポイヤック港のそばに住んでいましたが、ラベルに描かれている洋館はその海賊の家をイメージしてデザインされています。

　メドック格付で4級を獲得したデュアールミロンでしたが、その後は大部分のぶどう畑が売却され、所有者も何度も入れ替わりました。そして、次第にぶどうは枯れ果て、衰退の一途をたどっていってしまいます。

　しかし1962年、5大シャトーのひとつ**シャトー・ラフィット・ロスチャイルドがシャトーを買収**し、劇的な立て直しが行われました。当初は、110ヘクタールの土地にわずか17ヘクタールしかぶどうが植えられていないありさまでしたが、ロスチャイルド家はすぐに新たなぶどうの樹を入植。さらに近隣の畑も購入し、1973年から2001年の間に畑は以前の倍の大きさに広がり、シャトーやセラーの改善も進みました。

　こうして長い歳月をかけた立て直しにより、現在のデュアールミロンは**格付4級以上の名声を取り戻した**と言われています。特に2008年産は第2級にも勝る出来だと評論家を満足させ、ロスチャイルド家の力を見せつけました。さらに2009年、そして2010年もパーカーポイントで高得点を獲得し、シャトーの名声を定着させています。

　ロバート・パーカーは、デュアールミロンを復活させたラフィットの投資は大成功だったとし、デュアールミロンを「ラフィットのセカンドと呼ばれる以上の実力だ」と絶賛しています。

> メドック／ポイヤック

シャトー・ランシュバージュ
CHATEAU LYNCH BAGES

参考価格

約 **1.7** 万円

主な使用品種

カベルネ・ソーヴィニヨン、メルロー、カベルネ・フラン、プティヴェルド

GOOD VINTAGE

1959,61,70,82,85,89,90,96,2000,03,05,06,08,09,10,14,15,16,17,18

SECOND WINE

エコー・ド・ランシュバージュ

ECHO DE LYNCH BAGES

約 **0.5** 万円

ファーストワインの20～30％程度の少量生産で、ファーストに負けず注目の集まる貴重なセカンドワイン。もともとはシャトー・オーバージュアヴルーという名だったが、覚えにくく発音も難しいため現在の名に変更された

マイケル・ジョーダンが
ブルズ優勝の際に開けたワイン

　1855年のメドック格付では第5級にランキングされたランシュバージュですが、多くの評論家は**「現在の品質は1級にも迫る」****「スーパーセカンドに値する」**と高く評価しています。

　長い歴史のあるランシュバージュは「バージュの丘」と呼ばれる**ポイヤック村で最高のロケーションに存在**します。設立当初は「シャトー・バージュ」と呼ばれていましたが、1749年にオーナーとなったトーマス・リンチ(Lynch)の名をとって「ランシュバージュ」と名付けられました。

　メドック格付の際は、スイスのワイン商へ所有権が移っており「シャトー・ジュリンバージュ」という無名のシャトー名でエントリーされたため正当な格付がもらえなかったとも言われています。

　その後、再び「ランシュバージュ」に名称を戻し、1934年には名門カーズ家の所有となりました(現在は4代目が管理)。現在の高いクオリティは、畑の購入、ぶどうの植え替えなど、カーズ家の改革によるところが大きいと言われています。

　また、カーズ家には政界からスポーツ界まで幅広い人脈があったため、**ランシュバージュは世界中のセレブからも愛されました。**

　元NBA選手のマイケル・ジョーダンもランシュバージュのファンの一人です。シャトーを訪れた際には、1959年、61年、82年などのグッドヴィンテージをそれぞれ10ケースほど購入し、シカゴに持ち帰ったと言われています。ブルズが優勝した際には、ランシュバージュでお祝いしたそうです。ほかにも、アイルランドの元首相、グラミー賞受賞歌手などランシュバージュのファンは数多く、彼らもお忍びでシャトーを訪れていると言います。

ボルドー左岸

メドック／マルゴー

シャトー・パルメ
CHATEAU-PALMER

参考価格

約 **3.4** 万円

主な使用品種

メルロー、カベルネ・ソーヴィニヨン、プティヴェルド

GOOD VINTAGE

1900,28,37,45,55,61,
66,71,83,86,89,99,
2000,02,04,05,06,08,
09,10,11,12,14,15,16,
17,18

伝統的なラベルの多いボルドーにおいて、黒地にゴールドのラベルは一際目を引く

現代版格付では「神セブン」入り!
騙されたけど頑張ったパルマー大佐の功績

　ラベルに黄金色で描かれている壮観なシャトーは、13年の歳月をかけて1856年に完成したものです。悔しくも1855年のメドック格付の際にはお披露目できず、そのせいもあってかパルメは格付3級に甘んじてしまいました。「シャトーの完成が間に合っていたら2級に選ばれていただろう」と振り返る愛好家たちも少なくありません。

　Liv-ex社が定期的に発表する市場取引額に基づいた「現代版格付」では、パルメは2級の筆頭にランクインしています。

　この現代版格付は2009年から2年ごとに発表されていますが、パルメは**5大シャトー、LMHB(→104ページ)に次いで、毎回7位の座をキープ**しているのです。

　パルメの前身は「ガスク」と呼ばれるシャトーでした。ガスクの当時の所有者は「シャトー・ラフィットに匹敵する品質のシャトーを買わないか?」とパルマー大佐に取引を持ちかけ、見事シャトーの売買に成功。大佐が「シャトー・パルメ(パルマー)」と改名したことでシャトー・パルメの歴史が始まりました。

　当然、ラフィットには及ばない品質でしたが、パルマー大佐はこのシャトーを大変気に入り、次々と土地を買い占め、わずか数年で畑の面積を倍以上に広げ、海外への輸出も積極的に行いました。

　しかし、シャトーの経営は行き詰まり、いくつかのオーナーの手を渡り歩いたのち、現在はワイン商であるマラー・ベッセ、シシェルなど、歴史ある大手ワイン会社が共同所有で運営を行っています。

ボルドー左岸

> グラーヴ／ペサックレオニャン

シャトー・パプクレマン
CHATEAU PAPE CLÉMENT

参考価格
約 **1.3**万円

主な使用品種
カベルネ･ソーヴィニヨン、メルロー

GOOD VINTAGE
1970,90,2000,01,03,
05,08,09,10,11,12,14,
15,17,18

宗教儀式に使われ、一般公開されていなかったシャトー

　シャトー・パプクレマンのあるグラーヴ地区は、ボルドーでは珍しく「赤」「白」両方のワインを生産する地域として有名です。

　グラーヴ地区にもメドック同様に独自の格付がありますが（→112ページ参照）、グラーヴの格付には序列がなく、選ばれたシャトーのみが「特選」という称号を得られます。

　現在、**グラーヴ地区で「特選」に選ばれているシャトーは16あり、パプクレマンもそのひとつ**です。パプクレマンの昨今の活躍は目覚ましく、特選の名に恥じぬ品質を保っています。

　2000年以降にはパーカーポイントで軒並み高得点を獲得し、特に2003、05、09、10年はメドックのスーパーセカンドを彷彿とさせる品質で、ワイン投資家たちのポートフォリオにもリストされるようになりました。

　また、Liv-ex 社が市場取引価格を元に行った格付では堂々の2級に選ばれ、2011年にもロバート・パーカー氏が発表した**「マジカル20」（1級につぐ品質のワインを選出）のひとつに選ばれています**。

　ちなみに、シャトー名のパプクレマンとは「パプ＝教皇」ですから「クレマン教皇」という意味です。クレマン教皇は、1264年にボルドー近くのヴィランドローで生まれ、ボルドーのワイン造りの基礎を築いた人物でもあります。

　もともとパプクレマンのぶどう畑は、クレマン教皇が領地として与えられたものであり、そのためその名がシャトー名として今もなお残っているのです。シャトーも1314年から1789年までは宗教儀式に使われていて、一般公開されていなかったようです。

ボルドー左岸

> グラーヴ／ペサックレオニャン

シャトー・ラミッションオーブリオン

CHÂTEAU LA MISSION HAUT BRION

参考価格
約 **5**万円

主な使用品種
カベルネ・ソーヴィニヨン、メルロー、カベルネ・フラン

GOOD VINTAGE
1929,45,47,48,50,52,
53,55,59,61,75,78,82,
89,90,95,98,2000,01,
05,06,07,08,09,10,11,
12,14,15,16,17,18

LMHBはローマカトリック教会の所有となったこともあり、ぶどう畑に小さな礼拝堂が建てられるなど、宗教色が目立つシャトーでもある。ラベルにも十字架のマークが付けられている

5大シャトーを脅かす「6つ目」の存在

　1級に匹敵する品質を保ち、スーパーセカンド以上の実力を誇る「ラミッションオーブリオン（通称LMHB）」は、**その実力から5大シャトーに加えられ「6大シャトー」と呼ばれることもあります**。事実、ワインの指標を扱うLiv-ex社は、ボルドー左岸のシャトーの中ではLMHBが5大シャトーに次ぐ高額な取引額を誇ると発表しています。

　また、その人気や評価も高く、特に2000年以降は高評価が続き、さらに価格が高騰しています。ボルドーが不作に泣いた2007年産も年々評価を上げており、その底力を証明しました。この2007年産は、同じ年のボルドーワインの中で最も高い評価を得ています。

　LMHBはセカンドワインや白ワインの生産へも力を注いでおり、特に白ワインの**「ラミッションオーブリオン ブラン（CH. LA MISSION HAUT BRION BLANC）」**は年間500〜700ケース（約6000〜8400本）と極めて少量生産で稀少性が高く、オークションでも常に競り合いが繰り広げられる一本です。以前は「ラヴィール・オーブリオン」と呼ばれていましたが、2009年からはシンプルに「ラミッションオーブリオン ブラン」に変更されています。

シャトー・ラミッションオーブリオン ブラン
CH. LA MISSION HAUT BRION BLANC

約**6**万円

ボルドー左岸

グラーヴ／ペサックレオニャン

シャトー・スミスオーラフィット
CHATEAU SMITH HAUT LAFITTE

参考価格
約 **1.2** 万円

主な使用品種
カベルネ・ソーヴィニヨン、メルロー、カベルネ・フラン

GOOD VINTAGE
2000,01,04,05,09,10, 11,12,15,16,17,18

かつては「Sleeping Beauty（眠れる森の美女）」と呼ばれていたが、パーカーポイント100点を獲得した2009年に「眠りから覚めた」と言われた

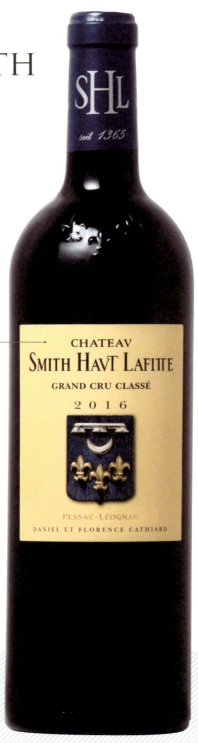

一晩で高級シャトーの仲間入りに!?

　スミスオーラフィットは、立地条件に恵まれたお手頃な中堅クラスワインとして長年親しまれてきたシャトーです。

　1990年には、元オリンピックのスキー選手だったカティアール夫妻がシャトーを購入し、その品質をさらに向上させました。大型スポーツ店のビジネスで大成功を収めていた夫妻は、その豊富な資金力で大々的にシャトーの立て直しを図ったのです。

　その結果、**2009年にはパーカーポイント100点を獲得**。これがシャトーにとって大きな転機となりました。100点獲得のニュースが流れるや否や2009年産に注文が殺到し、もともと97ユーロだった出荷価格は150ユーロに高騰。その翌年には、さらに234ユーロまで高騰しました。瞬く間に高級シャトーの仲間入りを果たしたスミスオーラフィットは、**「ブルーチップシャトー(優良株)」**と別名を付けられるほど、注目を集めるようになったのです。

ボルドー左岸

　スミスオーラフィットは、1990年当時から、ボルドーでは珍しく上質な白ワインを生産する数少ないシャトーのひとつでもあります。

　この白ワインの存在が、カティアール夫妻のシャトー購入の決め手になったそうですが、現在はさらにそのクオリティが上がり、**オーブリオン ブランやラミッションオーブリオン ブランに次ぐボルドーの高級白ワイン**となっています。

シャトー・スミスオーラフィット ブラン
CH.SMITH HAUT LAFITTE BLANC

約**1.2**万円

> ソーテルヌ

CHÂTEAU D'YQUEM
シャトー・ディケム

参考価格
約**5**万円

主な使用品種
セミヨン、ソーヴィニヨンブラン

GOOD VINTAGE
1811,47,69,1921,28,37,
45,47,71,75,76,83,86,
88,89,90,97,2001,05,
07,09,13,14,15,16,17

ディケムのワインは、年を追うごとに色合いが麦わら色から琥珀色へと変化していく

所有を巡って国同士が争った、デザートワインの最高峰

ガロンヌ川がシロン川となって二股に分かれる地に、**貴腐ワインの聖地ソーテルヌ地区**があります。貴腐ワインとはデザートワインの一種であり、その味わいはとろけるような極甘口です。

ソーテルヌ地区では、シロン川とガロンヌ川の温度の違いから朝霧が発生し、霧と共にボトリティスシネレア菌（貴腐菌）がぶどうの粒に付着します。日射しによってこの菌の繁殖活動が盛んになると、ぶどうの皮を破って果実の水分を吸い取り、甘みだけが残った粒が生まれます。この自然の賜物ともいえる特別な実を使った極甘口のワインが貴腐ワインなのです。

そして、世界最高峰の貴腐ワインとして比類なき伝統と醸造技術を持つのが「シャトー・ディケム」です。ソーテルヌにも独自の格付があります(→113ページ)、**ソーテルヌで唯一最高ランクを獲得**し、ぶどうの樹1本からわずかグラス1杯しか造られない貴腐ワインを年間約10万本も生産しています。

ディケムは、アキテーヌ公爵でもあったイングランド王が所有していた中世の時代からその名声が世に広がっていました。**ディケムの所有を巡ってフランスとイギリスの間で紛争が起こるほど**で、魅力的な立地条件を持つ唯一無二のシャトーとして古くからその価値が認識されていたのです。

百年戦争でイギリスが敗れたことから、シャトーの所有権はフランス国王シャルル7世へと移りましたが、その際、シャトーの管理を任されたのがソヴァージュ家でした。

ソヴァージュ家は、それまで赤ワイン用品種が植えられていたぶどう畑を1642年に100％白ワイン用のぶどう品種に植え替えます。

ボルドー左岸

そして1666年には、ついに今の貴腐ワインのスタイルに生まれ変わりました。ぶどうに菌が付着したままワインを醸造したところ、とても甘いワインが出来上がったのです。
　こうしてディケムは、当時とても人気の高かった「蜜」の味を醸し出す貴重なワインとして、**王へも献上される特別なワインとなった**のでした。アメリカの第3代大統領トーマス・ジェファーソンもディケムを訪れ、地下に保管されていた樽をいくつもアメリカへ送ったそうです。

　1711年には、フランスからソヴァージュ家が所有権を買い取り、その後は1785〜1999年までリュール・サリュース家が代々その管理を引き継いできました。
　こうして約400年もの間、伝統と格式を守りぬいたシャトー・ディケムでしたが、1996年にLVMH（ルイヴィトンモエヘネシー）グループが株の購入を始め、シャトーの買収劇が繰り広げられました。
　サリュース伯爵は「LVMHグループの手に渡れば400年続いた伝統が壊され、大量生産される高級ブランド品として扱われる」と買収を恐れ、2年間法廷で戦い続けました。しかし、最終的にサリュース伯爵が訴訟を取り下げて両者は和解し、ディケムはLVMHグループの傘下に収まっています。
　買収以前のディケムのラベルには長らくリュール・サリュースと表記されていましたが、買収以降は、その表記が「Sauternes（ソーテルヌ）」に変更されています。

OTHER WINE

イグレック
YGREC

シャトー・ディケムの造る白ワイン。ラベルの表記から通称「Y」と呼ばれる。以前は、ぶどうが貴腐化しなかった年などにしか造られない特別なワインだったが、2004年以降は、ぶどう栽培の管理を整えたことで毎年造られるようになった。ディケムは極甘口だが、こちらは辛口白ワインとして名を馳せている

約 **1.8**万円

ボルドー左岸

グラーヴ地区
特選シャトー一覧

※「赤」だけで認められているシャトー、「白」だけで認められているシャトー、「赤」「白」の両方で認められているシャトーがある

シャトー名	認定されているワイン
シャトー・オーバイィ	赤
シャトー・オーブリオン	赤
シャトー・スミスオーラフィット	赤
シャトー・ド・フューザル	赤
シャトー・パプクレマン	赤
シャトー・ラトゥール・オーブリオン	赤
シャトー・ラミッションオーブリオン	赤
シャトー・クーアン	白
シャトー・クーアン・リュルトン	白
シャトー・ラヴィル・オーブリオン	白
シャトー・オリヴィエ	赤・白
シャトー・カルボニュー	赤・白
シャトー・ドメーヌ・ド・シュヴァリエ	赤・白
シャトー・ブスコー	赤・白
シャトー・マラルティック・ラグラヴィエール	赤・白
シャトー・ラトゥール・マルティヤック	赤・白

ソーテルヌ地区
上位格付シャトー一覧
※一部、バルサック地区のシャトーを含む

PREMIER CRU SUPÉRIEUR（プルミエクリュ・シュペリュエール）

シャトー・ディケム	

PREMIERS CRUS（プルミエクリュ）

シャトー・ギロー	シャトー・クーテ
シャトー・クリマン	シャトー・クロ・オー・ペラゲ
シャトー・シガラ・ラボー	シャトー・スデュイロー
シャトー・ド・レイヌ・ヴィニョー	シャトー・ラフォリ・ペラゲ
シャトー・ラボー・プロミ	シャトー・ラトゥール・ブランシュ
シャトー・リューセック	

DEUXIÉMES CRUS（ドゥジエムクリュ）

シャトー・カイユ	シャトー・スオ
シャトー・ダルシュ	シャトー・ド・マル
シャトー・ド・ミラ	シャトー・ドワジ・ヴェドリーヌ
シャトー・ドワジ・デーヌ	シャトー・ドワジ・デュブロカ
シャトー・ネラック	シャトー・フィロー
シャトー・ブルーステ	シャトー・ラモット
シャトー・ラモット・ギニャール	シャトー・ロメール
シャトー・ロメール・デュ・アヨ	

PREMIER CRU SUPÉRIEUR
プルミエクリュ・シュペリュエール

PREMIERS CRUS
プルミエクリュ

DEUXIÉMES CRUS
ドゥジエムクリュ

ボルドー右岸

Right B
Bordea

ANK
UX

　ボルドー右岸の生産地といえば、ポムロール村とサンテミリオン村が有名です。2つの地域をあわせても左岸のほんの一部にしか相当しない狭い面積から、一流ワインが数多く生まれています。

　このうちポムロール村は、メルロー種主体の生産地として有名です。人口1000人にも満たない小さな村ですが、ここにはぶどう生産者がひしめきあっています。19世紀にはランチ用の赤ワインと考えられ、高級ワインの市場になるとは誰もが想像すらできませんでしたが、現在ではボルドーでも一、二を争う高額ワインがここから生まれているのです。

　一方でサンテミリオン村は、1999年に世界遺産にも登録された美しい生産地です。村の名前に由来する聖エミリオンが、修行のためにこの村に立ち寄ったのが銘醸地誕生のきっかけとなりました。

　彼の死後、弟子たちが地下の石灰岩をくり貫きモノリス教会の着工を進め、300年もの月日をかけて巨大な教会が完成。巡礼の地となったサンテミリオンではワイン造りが盛んとなり、石灰岩をくり貫いた空洞がワイン貯蔵の条件を満たしていたこともあって、上質なワインが造られるようになったのです。

> ポムロール

PETRUS
ペトリュス

参考価格
約**35**万円

主な使用品種
メルロー、カベルネ・フラン

GOOD VINTAGE
1921,29,45,47,50,61,
64,67,70,75,89,90,95,
98,2000,05,08,09,10,
12,15,16,18

「PETRUS」とは、ラテン語でキリストの12使徒の長「聖ペトロ」を意味する。ラベルにも、キリストから渡された天国の鍵を持つ聖ペトロが描かれている

J.F.ケネディもファンを公言した、ボルドーで最も有名で、最も高価なワイン

　5大シャトーよりも高額で取引される、ボルドーで最も有名で、最も高価な最高峰ワインが「ペトリュス」です。約11ヘクタールの小さな畑から、**年間わずか4500ケースのみが生産**されています。

　初めてペトリュスの名が世界に広がったのは1889年のパリ博覧会のことでした。名だたるシャトーを抑え、ペトリュスは金賞を獲得しました。

　そして1940年代には、当時の所有者が、後のオーナーとなるジャン・ピエール・ムエックス氏と醸造・販売の契約を結びました。ペトリュスがいずれボルドーでトップクラスのワインになることを悟っていた両者は、右岸サンテミリオン村の高級ワイン「シュヴァルブラン(→128ページ)」以下の価格で販売しないことで合意し、高級ワインとしてブランドを育てていったのです。

　その後ペトリュスは、圧倒的な存在感を放ち、トップワインの道を歩んでいきました。元アメリカ合衆国大統領**J.F.ケネディがペトリュスファンを公言**したことでアメリカ市場にも進出し、さらにはポムロール全体が良年だった1982年産がロバート・パーカーからも高評価を受け、一気に世界的スターダムにのしあがりました。ペトリュスの存在と価値は、他が追随できない圧倒的なものとなったのです。

　「ミスターメルロー」と呼ばれる２代目のクリスチャン・ムエックス氏が醸造・管理の責任者となってからもさらなるペトリュス神話が築かれ、現在も３代目のエデュワール・ムエックス氏のもとで「最高峰」の名に恥じないワインが造られています。

ボルドー右岸

ポムロール

LE PIN
ルパン

参考価格
約 **34**万円

主な使用品種
メルロー、カベルネ・フラン

GOOD VINTAGE
1982,85,89,90,98,
2000,01,05,06,08,
09,10,12,15,16

偽造防止のために、UVライトを当てると独自の模様が浮き出るようになっている

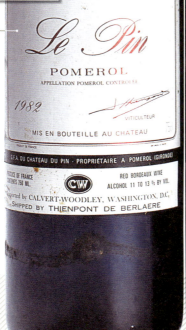

118

小さな狭いガレージで生まれた
異端の超高級ワイン

　ルパンは、ボルドーでも一、二を競う超高級ワインです。しかしその歴史は浅く、長い歴史を誇るボルドーのシャトーの中では少々異質の存在です。

　1978年、ヴュー・シャトー・セルタン（→122ページ）も所有するティエンポン家が、100万フランでポムロールに小さな畑とメゾンを購入したことがルパンの始まりとなりました。当時のルパンは、醸造にガレージのような狭い小屋を使い、樽もヴュー・シャトー・セルタンで使い古されたフレンチオーク樽を再利用。それを農耕機具の間に寝かせて熟成させていました。

　初ヴィンテージとなった1979年産の出荷価格は１本100フランにも満たない安値でしたが、デビューからわずか３年後に発表された**82年産によりルパンは一躍スーパースターの座**にのしあがりました。

　ポムロール全体が良年だったこの年、ルパンはパーカーポイント100点満点を獲得。当時、出荷価格１本２〜４万円だった82年産は、今ではボルドー・レジェンドの代表的存在として**１本約150万円以上で落札されています。**ラベルがシンプルなルパンは偽造ワインが造られやすいことでも有名ですが、特に82年産は偽造ワインをよく目にするヴィンテージです。

　徹底した品質管理を行っていることもルパンが人気を集める理由のひとつです。昨今の温暖化の影響でぶどうの生育に影響が出た2003年については、生産を一切断念するこだわりを見せています。また、どのヴィンテージにおいても、**年間わずか600〜700ケース（7200〜8400本）と少量生産**に徹し、オークションでもなかなか見かけないレアなワインです。

ボルドー右岸

ポムロール

シャトー・ラフルール
CHATEAU LAFLEUR

参考価格

約**8**万円

主な使用品種

メルロー、カベルネフラン

Good Vintage

1945,47,49,50,61,66, 75,79,82,90,95,2000, 03,05,08,09,15,16,17, 18

ワイン評論家も舌を巻く
「モンスター」とさえ言われる複雑なアロマ

　ポムロール村には**「3大シャトー」**と呼ばれる最高峰のシャトーが存在します。ペトリュス、ルパン、そしてラフルールです。「Quality over Quantity」（量より質）をポリシーとするラフルールは徹底した少量生産を貫いています。4.5ヘクタールの畑から**わずか1万2000本**しか生産されないラフルールのワインは、市場では入手しづらい一本です。

　三者は常に比較される関係ですが、ラフルールはどのシャトーにも勝るとも劣らず高評価を獲得しています。特にロバート・パーカーも舌を巻いたのが**複雑みを帯びた独特のアロマ**で、いくつもの層が重なる独特の香りを醸し出しています。

　ペトリュスでさえ表現できないこの複雑さは「ラフルール・マジック」とも「モンスター」とも呼ばれ、時にはペトリュスよりも高額で取引される偉大なワインなのです。

　そんなラフルールの名が世界に発信されたのは、1975年にロバート・パーカーが初めてシャトーを訪れたときのことでした。それまでベルギーへの輸出が主だったラフルールは、その生産量の少なさもあり、一部の愛好者だけが知る存在でしたが、**パーカーが「ぶどう畑の宝物だ」「ペトリュスと同じレベルである」と絶賛**したことで一気にスポットライトを浴びることになったのです。

　当時のラフルールは、メドック5級シャトーのグラン・ピュイ・ラコストと同じ価格で販売されていましたが、その後はイギリスやアメリカへの輸出も広がり、価格も上昇しました。現在もパーカーが「史上、最もお気に入りのボルドーワイン」と溺愛していることから、世界中のコレクターが欲しがる逸品となっています。

ボルドー右岸

> ポムロール

ヴュー・シャトー・セルタン
VIEUX CHÂTEAU CERTAN

参考価格

約 **2.5** 万円

主な使用品種

メルロー、カベルネ・フラン、カベルネ・ソーヴィニヨン

GOOD VINTAGE

1928,45,47,48,50,52,82,89,2000,05,06,09,10,14,15,16,17,18

斬新なピンクのフォイル（コルクのカバー）はティエンポン家がシャトーを購入した際にデザインされたもの。セラーで寝ている状態でも、ピンクのフォイルからVCCであることがすぐにわかる

※写真はアンペリアルサイズ（6000ml）

悪天候により出荷断念、そして経営難……
逆境からV字回復を果たしたポムロールの名門

　すでに16世紀にはポムロールの一等地に存在していたヴュー・シャトー・セルタン（通称VCC）は、古くから本格的にワイン造りを行い、**ペトリュスと並ぶポムロールの名門シャトー**としてその地位を長らく築いてきました。王侯貴族からも気に入られ、ヴェルサイユ宮殿からも注文が舞い込んでいたようです。

　1924年には、現在のオーナーであり、ルパンも所有するポムロールの名家ティエンポン家の手に渡りました。

　しかし、ほどなくしてポムロールで悪天候が続き、1931年から3年もの間、ワインの出荷を断念せざるを得なくなってしまいます。その結果、シャトーは経営難に陥り、ティエンポン家は他のシャトーを売却するまでに。売却により経営は持ち直したものの、VCCはペトリュスと肩を並べた往年の名声を失ってしまいました。

　しかし近年では、**復活を遂げ、再び注目を集めるシャトーに返り咲いています。**できる限り農薬を使わずにぶどうを栽培し、ブレンド比率や醸造法の改革も進め、評価を上げることに成功したのです。

　2010年、11年には2年連続パーカーポイント100点を獲得し、再び人気シャトーの仲間入りを果たしました。2010年のワイン関係者を対象としたアンケートでも100点を獲得し、ボルドーで4番目に人気の高いワインに選ばれています。

ボルドー右岸

> ポムロール

シャトー・レグリーズクリネ
CHÂTEAU L'EGLISE-CLINET

参考価格
約 2.6 万円

主な使用品種
メルロー、カベルネ・フラン

GOOD VINTAGE
1921,45,47,49,50,59,
85,95,98,2000,01,05,
06,08,09,10,11,12,14,
15,16,17

大冷害からぶどうの樹を見事再生！

「ポムロールの隠れた名品」と名高いレグリーズクリネは、常に評論家から好評を博し、**最もコストパフォーマンスが高いワインのひとつ**にも挙げられます。

ポムロールが記録的な大冷害に襲われた1956年、多くのシャトーではぶどうの樹を植え替えましたが、レグリーズクリネはぶどうの樹を残し、大部分の蘇生に成功しました。

そのため、レグリーズクリネの**ぶどうの樹齢は平均40～50年**と古く、その古樹から生み出されるバランスのとれた凝縮感が特徴です。独自の深みとシルキーな口当たりは、どのシャトーも決して真似できないと高く評価されています。

レグリーズクリネが現在の高い評価を獲得したのは、**「醸造家の中の醸造家」**とも呼ばれる**ドゥニ・デュラントゥ氏**が新しく経営に加わった1983年からのことです。

1960年から80年代前半までどの年も不振に終わっていたレグリーズクリネは、ポムロールが天候に恵まれた82年ですら十分なアロマを引き出せず、その失敗がシャトーの評価に大きく傷をつけてしまいました。

その翌年から経営に加わったデュラントゥ氏は、さっそく醸造整備を改良し、ハード面の立て直しに着工。そのかいあって、早くも1985年には申し分ない出来を実現し、この年からレグリーズクリネは生まれ変わったと言われています。

2005年にはパーカーポイント100点満点を獲得しましたが、その出来栄えは、「ペトリュスやラフルールよりも上出来」と評価する人がいたほどです。

> サンテミリオン

CHÂTEAU AUSONE

シャトー・オーゾンヌ

参考価格
約**8**万円

主な使用品種
カベルネ・フラン、メルロー

GOOD VINTAGE
1874,1900,29,2000,
01,03,05,08,10,15,
16,17

> 年間生産本数は約2万本。入手困難なレアワインのひとつ

160年以上先まで飲み頃が続くと言われた、モンスター級の長期熟成ワイン

　シャトー・オーゾンヌは、サンテミリオン村で4つのシャトーしか獲得していない最高ランクの格付「第一特別級A」を獲得している別格扱いのシャトーです。シュヴァルブラン（→128ページ）と並んで、<u>サンテミリオンの2大シャトーと呼ばれる実力を兼ね備えています。</u>

　ボルドーの5大シャトーとオーゾンヌ、シュヴァルブラン、そしてペトリュスの8銘柄は<u>**「ビッグエイト」**</u>と呼ばれ、ワイン業界でも一目置かれる存在です。オークションでも、これらは常に高値で取引されています。

　オーゾンヌのワインは、長期の熟成を経てようやく本来の味わいを発揮すると言われています。ロバート・パーカーも1874年産をテイスティングした際、「自分が今までオーゾンヌを評価しなかったのは121年（1996年にテイスティング）待つ機会がなかったからだ」とコメントし、1874年産は**<u>162年後の2036年まで飲み頃が続く</u>**と賞賛しました。

　しかし、そんな高評価を得ているオーゾンヌも、一時は一線から退いていたことがありました。20世紀にはそこまでの評価を得られず、右岸がグッドヴィンテージに沸いた1982年、89年、90年ですら、ことごとく不評に終えてしまったほどでした。

　低迷期を過ぎ、ようやく本来の輝きを見せたのは2000年以降のこと。2001年産のオーゾンヌは、「ボルドーナンバーワンの赤ワイン」と称賛され、ロバート・パーカーもこの2001年産を「The wine of the vintage（その年で一番優れたワインだ）」と大絶賛しています。

> サンテミリオン

シャトー・シュヴァルブラン
CHATEAU CHEVAL BLANC

参考価格
約**7**万円

主な使用品種
カベルネ・フラン、メルロー、カベルネ・ソーヴィニヨン

GOOD VINTAGE
1921,47,48,90,98,2000,
05,06,09,10,15,16

セカンドワインも最近人気を集めている。ファーストがカベルネ・フラン主体なのに対し、こちらはメルロー主体

約**2**万円

128

アカデミー賞受賞映画でも話題となった
5大シャトーと並ぶ実力派

　1955年、サンテミリオンでもメドック同様に公式の格付が行われました（→134ページ）。そこで**オーゾンヌと共に満場一致で最上級の「第一特別級A」を獲得**したのがシュヴァルブランです。この格付は10年に一度見直しが行われますが、今なおシュヴァルブランは最上級シャトーとして君臨しています。

　以前、クリスティーズのオークションに1947年産シュヴァルブランの6リットル大型ボトルが出品された際は、このサイズの1947年産はおそらく世界に1本しかないと言われ、落札額は30万4375ドル（約3100万円）にのぼりました。この落札額は、長らくワインの最高落札額を保持していたほどです。

　シュヴァルブランを一躍世界的に有名したのは、アカデミー賞受賞の映画**「サイドウェイ」**です。ワインオタクの主人公が、離婚した奥さんとの結婚10周年祝いに用意したのが1961年産のシュヴァルブランでした。しかし、復縁できないことを知った彼はこのシュヴァルブランをファストフード店に持ち込んで飲んでしまいます。このシーンにより、シュヴァルブランの名はさらに世の中に浸透したのでした。

　ちなみにシュヴァルブランは、1998年にはルイヴィトングループ（LVMH）のアルノー氏とフレール男爵に135ミリオンユーロ（約165億円）で買収され、モダンなスタイルに様変わりしています。

　20億円を投じて一新された、プリツカー賞を受賞した有名建築家による近代的なシャトーは、サンテミリオン村の田園風景にうまく調和し、村を訪れるツーリストたちの人気スポットになっています。

ボルドー右岸

> サンテミリオン

シャトー・アンジェリュス
CHATEAU ANGELUS

参考価格
約 **4.1** 万円

主な使用品種
メルロー、カベルネ・フラン

GOOD VINTAGE
1989,90,93,95,98,
2000,01,03,04,05,06,
09,10,11,12,15,16,17

中国ではラッキーシンボルと見なされる「金の鐘（Kin Chung）」が描かれている

前代未聞のサクセスストーリー！　ところが……

　シャトー・アンジェリュスは、以前はサンテミリオンの格付最下位にあたる「特別級」にランクされていたシャトーです。

　しかし、1996年には「第一特別級B」へ、そして2012年には「第一特別級A」へと昇格しました。サンテミリオンの格付は10年ごとに見直しが行われますが、アンジェリュスは**前代未聞のサスセスストーリーを成し遂げた**のです。

　しかし、この昇格には物言いがかかってしまいます。実はアンジェリュスの共同経営者ユベール・ド・ブアール氏は、サンテミリオン格付の審査員を務める張本人だったのです。兼ねてから切望していた格付トップの座を得るために不審な動きがあったとし、ブアール氏は起訴されてしまいました。10年ごとの見直しはフェアだとされていましたが、降格や不当な審査など、結果的には様々な問題が浮き彫りになってしまったのです。

　こうして悪い側面にスポットが当たってしまったアンジェリュスですが、積極的なマーケティングによって**世界的に高い知名度を誇ります。**

　たとえば、ジェームス・ボンドの映画ではオフィシャルスポンサーを務める企業のシャンパン「ボランジェ」が映されるのが定番ですが、2006年公開の映画**『007 カジノ・ロワイヤル』**ではボンドガールとのディナーの席に1982年産のアンジェリュスが登場し、大きな話題を呼びました。

　また、ラベルに描かれている金の鐘(かね)(Kin Chung)は中国ではラッキーシンボルと見なされるため、アンジェリュスはいち早く中国にも進出し、人気を博しました。

ボルドー右岸

サンテミリオン

シャトー・パヴィ
CHÂTEAU PAVIE

参考価格
約 **3.5** 万円

主な使用品種
メルロー、カベルネ・ソーヴィニヨン、カベルネ・フラン

GOOD VINTAGE
1998,2000,01,03,05,
06,09,10,15,16,17,18

「パヴィ＝桃」から始まったぶどう畑

　ローマ時代にはすでに存在していたパヴィの畑ですが、当時はぶどうでなく**桃（パヴィ）**が栽培されていました。桃の果樹園がぶどう栽培に変わり「シャトー・パヴィ」が誕生したのです。

　もともとパヴィは、サンテミリオンの中堅クラスの位置付けでしたが、1998年に現オーナーのジェラール・ペルス氏がシャトーを購入したことから、トップシャトーの仲間入りを果たしました。

　ペルス氏は豊富な資金力で醸造所を一新し、温度管理された特別な発酵樽、最新式のセラーを整えました。さらに、フランスの著名なワイン醸造コンサルタント、ミシェル・ローラン氏を登用するなどの斬新な改革が功を成し、続けざまにパーカーポイント高得点を獲得したのです。

　こうしてトップシャトーの仲間入りを果たしたパヴィでしたが、2003年産のワインが大きな論争を呼んでしまいます。2003年のボルドーは熱波続きで生産を断念したシャトーもあったほどでしたが、パヴィはパーカーポイントで高得点を獲得したのです。

　これに対し、英国人評論家のジャンシス・ロビンソン女史はアルコールが高く、甘すぎるパヴィのワインを**「パーカリゼーション・ワイン（パーカー化ワイン）」**と比喩し、ボルドーワインが高得点欲しさにパーカー好みの味にする傾向を懸念しました。また、ミシェル・ローラン氏が関わるシャトーのパーカーポイントが軒並み上がることから、両者の関係も取りざたされてしまいます。

　さらには、**2012年にサンテミリオンの格付見直しで最高ランクの第一特別級Aに昇格**したパヴィでしたが、同じくトップに選ばれたアンジェリュス同様にその正当性を怪しまれ、そのことでも大きなスキャンダルとなりました。そんなお騒がせなパヴィですが、シャトーも美しく建て直し、ますますその人気は高まっています。

サンテミリオン地区
第一特別級 A・B 認定シャトー

※10年ごとに格付の見直しがある

PREMIERS GRANDS CRUS CLASSÉS(A)
プルミエ・グランクリュ・クラッセA（第一特別級A）

シャトー・オーゾンヌ	シャトー・アンジェリュス
シャトー・シュヴァルブラン	シャトー・パヴィ

PREMIERS GRANDS CRUS CLASSÉS(B)
プルミエ・グランクリュ・クラッセB（第一特別級B）

シャトー・ボー・セジュール	シャトー・ラルシ・デュカス
シャトー・ボー・セジュール・ベコ	シャトー・パヴィ・マカン
シャトー・ベレール・モナンジュ	シャトー・トロロン・モンド
シャトー・カノン	シャトー・トロット・ヴィエイユ
シャトー・カノン・ラ・ガフリエール	シャトー・ヴァランドロー
シャトー・フィジャック	クロ・フルテ
シャトー・ラ・ガフリエール	ラ・モンドット

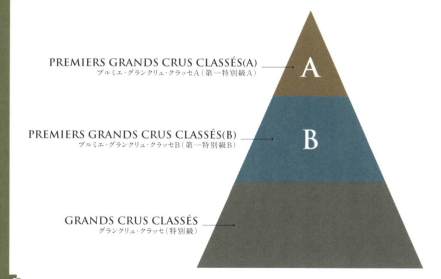

PREMIERS GRANDS CRUS CLASSÉS(A) — A
プルミエ・グランクリュ・クラッセA（第一特別級A）

PREMIERS GRANDS CRUS CLASSÉS(B) — B
プルミエ・グランクリュ・クラッセB（第一特別級B）

GRANDS CRUS CLASSÉS
グランクリュ・クラッセ（特別級）

ポムロール地区
代表的なシャトー
※ポムロール地区では、他の地域とは違って格付がない

ヴュー・シャトー・セルタン
シャトー・ガザン
シャトー・クリネ
シャトー・セルタン・ド・メイ
シャトー・ド・サル
シャトー・トロタノワ
シャトー・ネナン
シャトー・プティ・ヴィラージュ
シャトー・ラ・コンセイヤント
シャトー・ラクロワ・ド・ゲ
シャトー・ラトゥール・ア・ポムロール
シャトー・ラフルール
シャトー・ラフルール・ペトリュス
シャトー・ランクロ
シャトー・ル・ゲ
シャトー・レヴァンジル
シャトー・レグリーズクリネ
シャトー・デュ・ドメーヌ・ド・レグリーズ
ペトリュス
ルパン

シャンパーニュ
CAMPAG

NE

　シャンパーニュは、お祝いの席でもおなじみの発泡性ワイン「シャンパン」を生み出すフランスの銘醸地です。この地で造られ、法律に規定された条件をクリアしたものだけが「シャンパン」と名乗ることができます。
　シャンパーニュでは、シャンパンブランドを守るために、その品質管理が徹底されています。
　たとえばシャンパンの発泡は、ワインに炭酸を入れたり、タンクで発泡したものを瓶詰めしたりすることは許されません。「瓶内二次発酵」と言って、瓶詰めしたワインに糖分や酵母を加え、再び発酵させ発泡させなければならないのです。
　また、ぶどうの品種、熟成期間、最低アルコール度数などにも厳しい規定が定められています。こうして、世界的な「シャンパン」ブランドと地位が守られているのです。

> シャンパーニュ

ドン・ペリニヨン P3ヴィンテージ
DOM PÉRIGNON
P3 VINTAGE

参考価格
約 **21** 万円

主な使用品種
ピノワール、シャルドネ

「P2」「P3」は選び抜かれた熟成の証

ドン・ペリニヨン P2ヴィンテージ
DOM PÉRIGNON P2 VINTAGE

参考価格
約**4**万円

主な使用品種
ピノワール、シャルドネ

ドン・ペリニヨン ヴィンテージ
DOM PÉRIGNON VINTAGE

参考価格
約**2**万円

主な使用品種
ピノワール、シャルドネ

GOOD VINTAGE
1985,90,95,96,
2002,04,06,08

3度目の飲み頃を迎えると、価格が10倍近く跳ね上がる

　華麗で優雅なドン・ペリニヨン(通称ドンペリ)は「ラグジュアリー」の代名詞として世界で最も有名なシャンパンであり、最も品質にこだわるブランドのひとつです。ドンペリは良い年にしかシャンパンを造らず、そのためノンヴィンテージはありません(シャンパーニュでヴィンテージを記載するためには、その年に収穫されたぶどうを80％以上使わなければならない)。

　ドンペリはペリニヨン修道士によって生まれ、その後モエ・エ・シャンドン社がドンペリの商標を獲得したことで、1936年に初めてドン・ペリニヨンというブランドでリリースされました。そして、今では年間500万本も生産される、シャンパンの一大ブランドとなっています。

　ドンペリには、**「シャンパンは３つの時代を迎える」**という哲学があります。つまり、ドンペリには飲み頃のピークが３回訪れるということです。

　最初の飲み頃が訪れるのは収穫から約８年後です。通常、シャンパンは15ヶ月、ヴィンテージを掲載するには36ヶ月の熟成が義務付けられていますが、最もスタンダードなドンペリ(ドン・ペリニヨン ヴィンテージ)は１度目のピークが来る８年先まで樽でゆっくりと熟成させ、ピークが訪れるのを待って出荷されます。

　それも８年きっかりで出荷するのではなく、しっかりと飲み頃を迎えるのを待ちます。たとえば、2008年産は約９年間熟成させたため、2017年リリースの2009年産より１年遅く、2018年に出荷されました。

　ちなみにこの2008年産は、2018年をもって引退を表明したドン

ペリの醸造最高責任者リシャール・ジェフロワ氏が、リリースまで携わった最後のヴィンテージとなったため人気が集まっています。2019年からはヴァンサン・シャプロン氏がその職を引き継いでいます。

　ドンペリの**２度目のピークは15年前後にやってきます。**この熟成期間を経たドンペリは「Plenitude 2（プレニチュード２、通称P2）」と呼ばれ、ボトルにも**「P2」**と冠されます。この「P2」として熟成が許されるドンペリは限られた良年のものだけです。
　さらに、**30年前後に最後のプレニチュード（ピーク）を迎え、このドンペリは「P3」となります。**
　スタンダートなドンペリも基準を満たさなければ出荷されませんが、その中からP2となるヴィンテージが選ばれ、さらにP3が選ばれるのです。選び抜かれたドンペリだけが、この30年熟成を迎えることができます。
　長期にわたり樽で熟成されたドンペリからは、古いモンラッシェ（ブルゴーニュの最高級白ワイン）のような発酵感とどっしりとした深い味わいが広がります。通常、シャンパンは食前酒や軽めの食事に合わせますが、P3はお肉と合わせても決して引けを取らない重みを感じます。
　時の経過と共に醸し出されるこの味わいは、決して人工的には表現できない代物で、**長い歳月を経て自然が作りあげたアート**のようだと言われています。以前、私もP3をいただいたことがありますが、シャンパンというカテゴリーを超えた歴史ある芸術品をいただいたかのようでした。
　もちろん、熟成期間中、出荷されるまでは資金の回収ができませんが、これが品質を追求するドンペリの哲学なのです。

シャンパーニュ

クリュッグ クロデュメニル
KRUG CLOS DU MESNIL

参考価格
約**13**万円

主な使用品種
シャルドネ

GOOD VINTAGE
1982,83,95,96,98,
2000,02

OTHER WINE

クリュッグ グランキュベ
KRUG GRANDE CUVÉE

約**2.7**万円

クリュッグのスタンダードワイン。異なるヴィンテージのワインをブレンドして造られる。その年に収穫されたぶどうを中心に造られる「クリュッグ ヴィンテージ（KRUG VINTAGE）」もある

KRUG CLOS D'AMBONNAY

クリュッグ クロダンボネ

参考価格

約 **29** 万円

主な使用品種

ピノノワール

GOOD VINTAGE

1995,98,2002

クリュッグ独特のエレガントなボトルシェープも人気の理由のひとつ。このボトルが使用されるようになったのは1978年のことで、発泡性のシャンパンに理想的な細長い首が特徴

クリュッグの醸造家はシャンパン用のグラス(フルート型)ではなく、白ワイン用のグラスで飲むことを勧めている。実際、香りも味わいも、口全体で味わう奥深さも変わってくる

超少量、生産すらレアな2つのシャンパン

　Krugist(クリュギスト)という言葉が生まれるほど、世界中に熱狂的なファンを持つシャンパンハウスが「KRUG(クリュッグ)」です。「毎年、最高品質のシャンパーニュを造る」というビジョンを掲げ、1843年にジョゼフ・クリュッグによって設立されたクリュッグは、現在はLVMHグループの傘下となり、その知名度をさらに上げています。

　クリュッグで最もスタンダードなワインは「グランキュベ(マルチヴィンテージ)」で、異なるヴィンテージのワインをブレンドして造られるシャンパンです。クリュッグのカーブには、「ライブラリーストック」と呼ばれる、ヴィンテージや品種の異なる400種類の膨大なワインがあり、**グランキュベは6〜10年熟成された120種以上のワインをブレンドし、さらに6年以上寝かせたもの**です。クリュッグが愛される理由は、この究極のブレンド技術にもあります。

　グランキュベとは異なり、単一の区画から単一の品種を使用し、単一のヴィンテージのみを使用して造られるのが「クロデュメニル」です。1698年から石垣で守られてきた**わずか1.84ヘクタールの畑で育ったシャルドネ100％で造られます。**

　メゾンの5代目であるレミとアンリのクリュッグ兄弟が、メニルシュルオジェ村にあるこの畑を発見し、そのポテンシャルに着目。究極の「ブラン・ド・ブラン(白ぶどうのみで造られるスパークリングワイン)」の製作に取り掛かったことがクロデュメニルの始まりとなりました。

　初ヴィンテージは1979年で、7年の熟成を経て1986年に発売されました。年に8000〜1万4000本と少量生産で、良年にしか造ら

れない希少性の高いワインです。

　私も1990年産のクロデュメニルをいただいたことがありますが、水のような清らかさがとても印象的で、泡のきめ細かさと繊細な口当たりに圧倒されました。20年ほど前のことですが、今でも私の飲んだシャンパンのトップリストに入っています。

　クロデュメニルの成功から、クリュッグ兄弟はピノノワール100％のシャンパン造りにも挑戦しました。
　ピノノワールで有名なアンボネ村を巡った兄弟は、卓越した優れたシャンパンを造るための特別な一画を見つけ、1994年に購入。その畑から1年後に「クロダンボネ」を生み出しました。
　この**95年産の生産量はわずか3000本**で、12年の熟成を経て、ようやく2007年に出荷されました。出荷価格は約35万円と発表されましたが、初めてオークションに出品された際には、1本40〜50万円という落札予想価格を上回り、最高60万円ほどにまで価格が高騰しました。今ではその熱も落ち着き、落札予想価格は20万円ほどになっていますが、その人気はまだまだ衰えていません。
　クロダンボネも良年にしか造られず、**生産されたヴィンテージは1995、96、98、2000、02年のみ**です（2019年時点）。その希少性から、再び価格が高騰するかもしれません。

シャンパーニュ

ルイ・ロデレール クリスタル
LOUIS ROEDERER CRISTAL

参考価格

約 **2.8**万円

主な使用品種

ピノワール、シャルドネ

Good Vintage

1990,95,96,99,2002,
04,06,08,09

大手の傘下におさまるシャンパンハウスが多いなか、ルイ・ロデレールは現在も家族経営を貫き、年間350万本を100カ国以上に出荷している

146

ボトルが透明な理由＝「毒」を盛られないため

　1833年に叔父からメゾンを継承したルイ・ロデレールは会社を自らの名に変更し、海外市場をターゲットにビジネスを展開しました。大きな輸出先はロシアで、生産量の3分の1を出荷し、ロシア皇帝アレクサンドル2世のお気に入りにもなったほどです。

　そして、<u>ロシア宮廷御用達のシャンパンとして誕生</u>したのが「クリスタル」でした。クリスタルのボトルが透明なのも、実はロシアが深く関係しています。そもそもワインは繊細で日射の影響を受けやすいため、特にシャンパンボトルは色を濃くして日射からワインを守ります。しかし、政治情勢が非常に不安定で、常に暗殺を恐れていたアレクサンドル2世は、<u>シャンパンに毒が盛られないよう透明なボトルに、そして瓶の底に爆発物が隠されないよう平らな形状</u>にすることを要求したのです。

　クリスタルはアメリカのセレブたちにも愛され、成功者のシンボルともなりました。特に黒人を中心とするヒップホップアーティストたちに気に入られ、ミュージックビデオでクリスタルをラッパ飲みする姿が映されたり、クリスタルを使った品のないカクテルが作られたりもしました。

　これに対し、2006年、ルイ・ロデレールのマネージングディレクターがエコノミスト誌のインタビューで「こうした現状は不本意である」「ドンペリやクリュッグは彼らが買うことを喜ぶだろう」と発言し、物議を醸しました。この発言は人種差別として話題となり、アメリカではクリスタル不買運動が起こったほどです。

　特にクリスタルを気に入っていたラッパーのジェイZの呼びかけで、ヒップホップ業界からは一切姿を消し、以来、クリスタルに変わりアルマンドブリニャックを目にするようになりました。

シャンパーニュ

サロン ブラン・ド・ブラン
SALON BLANC DE BLANCS

参考価格
約 **7** 万円

主な使用品種
シャルドネ

GOOD VINTAGE
1982, 96, 97, 2002, 06, 07

148

21世紀で生産されたのは、いまだ「5回」だけ

　毛皮商を営んでいたユージーン・エイメ・サロンは、友人と飲むための趣味としてシャルドネ100%のシャンパン造りを始めました。サロンの造ったシャンパンは評判を集め、友人の勧めもあって、1911年にはシャンパンハウス「サロン」が設立されました。

　設立当初からこだわりを見せたサロンのシャンパンは、メニルシュルオジェ村のシャルドネのみを使用し、その品質の高さから瞬く間に評判となりました。当時の社交界の中心であったマキシムドパリのハウスシャンパンにも選ばれ、世界の上流階級へもその知名度を広げていったのです。

　サロンは、**最も希少価値の高いシャンパン**とも言われています。高品質でなければ出荷しない姿勢を徹底して貫いており、**20世紀には初ヴィンテージ（1905年）からわずか37ヴィンテージしか造られていません**。21世紀に入ってからも、2002、04、06、07年、そして現在セラーで熟成中の2008年と、わずか5ヴィンテージしか生産されていないのです（2019年時点）。ちなみに、サロンのぶどうとして規定を満たさなかったぶどうは、傘下にある「ドラモット」のシャンパンに使用されています。

　このように希少性の高いサロンは人気も高く、Liv-ex社の発表でもシャンパンの有名銘柄（クリュッグ、ドンペリ、クリスタルなど）の中で一番人気となりました。その価格も、2008年から2018年の間に163%も上昇しています。

　以前クリスティーズが開いたシャンパンディナーでも、「今まで飲んだシャンパンで一番美味しかったのは？」という質問に、多くのお客様が、良年であった1996年産のサロンを選んでいたことをよく覚えています。

シャンパーニュ

シャンパーニュ

ポルロジェ サー・ウィンストン・チャーチル
POL ROGER
SIR WINSTON CHURCHILL

参考価格
約 **2.5** 万円

主な使用品種
ピノノワール、シャルドネ

GOOD VINTAGE
1982,85,96,2002,04,08

ラベルは海軍出身のチャーチルにちなみ、濃紺とえんじであしらわれている

生涯で4万本のシャンパンを開けた英国元首相に捧げられた1本

　イギリスの元首相ウィンストン・チャーチル（1874〜1965年）は、大のシャンパン好きとして名があがる偉人の一人です。中でもチャーチルが愛したシャンパンが「ポルロジェ」でした。

　チャーチルとポルロジェとの出会いは、フランスで開催された英国公使主催の昼食会でのこと。1928年産を口にしたチャーチルはポルロジェの魅力に取り憑かれ、以来大量にシャンパンを購入するようになりました。イギリス軍が第2次世界大戦に参戦した際には**「フランスのために戦っているのではない、シャンパンのために戦っているのだ」**と名言を残したほどです。

　チャーチルの浪費について書かれた本『No more Champagne』には、チャーチルのシャンパン消費量が記されていますが、その生涯での消費量はなんと4万2000本でした。

　そんなチャーチルが亡くなった1965年、追悼の意味を込め1965年産のポルロジェは黒の帯で縁取られました。多くのシャンパンメゾンがアメリカの禁酒法やロシア革命などの煽りを受けるなか、**ポルロジェはチャーチルによって支えられた**と言っても過言ではなく、両者には強いつながりがあったのです。チャーチルが結婚した際にも、ポルロジェの1895年産を9ケース、ハーフサイズを7ケース、1900年産ハーフサイズを4ケース注文した記録が残っています。

　そして1975年には、チャーチルに捧げる特別なポルロジェ「サー・ウィンストン・チャーチル」が発表されました。その味わいは、元首相を魅了したエレガントな口当たり、そしてアロマを際立てた繊細な味わいに仕上がっています。

シャンパーニュ

ワイン基礎用語のおさらい

ヴィンテージ

「収穫」「収穫年」を表し、原料となるぶどうが収穫された年を指す。ぶどうは他の果実に比べ天候の影響を大きく受けるため、収穫年により育ち具合に大きな差が生まれる。そのため、収穫年によってワインの出来も左右され、同じ土地、同じ生産者であっても、ヴィンテージが変わるとその質や価格が大きく変わってくる。

オフヴィンテージ

一般的には、ぶどうの出来が良くない年、天候が悪かった年のことを指す。通常、オフヴィンテージと呼ばれる年は、あえて果房が未熟なぶどうを切り落とし、残った果房に集中的に光合成を与え、養分を吸収させるため、ワインの生産量は少なくなる。生産者によっては、オフヴィンテージには出荷を減らしたり、まったく生産しないこともある。

テロワール

ぶどうが育つ自然環境のことで、土壌、気候、場所を指す。ぶどうは自然環境によって個性が際立つため、各地でその地のテロワールを生かした栽培法が用いられている。

日射量

日射量は、ワイン生産における重要なキーワードのひとつ。日光はぶどうの葉の光合成量を増やし、果実の糖度、酸、色素、エキスなど、ぶどうの味に大きく影響を及ぼす。美味しいぶどうが育つためには、好ましいタイミングで適度な日射量が必要である。

雨量

ぶどうの栽培において雨量も大切な要素のひとつ。夏に降る雨により果汁の濃度が下がって水っぽくなったり、雨が降るタイミングによって果実の糖度が高くなったりする。

タンニン

ぶどうの果皮とタネから生じるポリフェノールの1種。ワインの味に深みと複雑さを与え、ワインの熟成にも大切な役割を果たす。タンニンは、時間の経過とともに澱(タンニンやポリフェノールが結晶化したもの)となって瓶底に沈んでいき、徐々にタンニンが弱くなることで、渋みや苦味が消えた柔らかい味わいのワインに変化していく。

シャトー／ドメーヌ

ともにワインの生産者を指す。主にフランスのボルドー地方の生産者を「シャトー」と呼び、これは昔からボルドーの生産者がお城(シャトー)のような建物でワインを生産していたことに由来する。ボルドーには7千以上のシャトーが存在し、1万種類以上のワインが生産されている。一方で、ボルドーのような大きな建物がなかったブルゴーニュでは生産者を「ドメーヌ」と呼ぶ。名前に違いはあるものの、両者の定義に大きな違いはない。

ヴィンヤード

ぶどう畑、ぶどう園の意味。単一の畑のぶどうのみを使って造られるワインは「シングルヴィンヤード(単一畑)」と呼ばれ、その土地の特徴をストレートにワインに表している。

アロマ、ブーケ

ぶどうが持つ香りや発酵中に生まれる香りを「アロマ」、ワインが出来上がった後(瓶詰めされた後)に、熟成とともに徐々に変化する香りを「ブーケ」と呼ぶ。それぞれ、果物や植物、スパイスなど、さまざまな香りでたとえられる。

ローヌ
RHONE

ローヌは、フランス南東部に位置する歴史あるワイン生産地です。14世紀にローヌ南部・アヴィニヨンにローマ法王庁が置かれたことからワイン造りが盛んになりました。1309年にクレメンス5世がアヴィニヨンに居を定めて以降、多くのワイン関係者が法王に献上するワイン造りのためにこの地に移り住んだのです。

　特にアヴィニヨン近郊にあるシャトーヌフ・デュ・パプは、法王に献上するワイン生産地として栄え、今でも世界的に有名な銘醸地です。また、近年ではローヌ北部にあるエルミタージュにも注目が集まっています。

　ローヌワインは「力強い」「男性的」という印象がありますが、熟成と共に女性的で優しさのあるまろやかさが醸し出され、世界中のローヌファンがその独特の変化に魅了されています。

ローヌ／コートロティ

コートロティ ラ・ムーリーヌ ギガル

CÔTE RÔTIE LA MOULINE E.GUIGAL

参考価格

約**4**万円

主な使用品種

シラーズ、ヴィオニエ

GOOD VINTAGE

1976,78,82,83,85,88,
89,90,91,95,97,99,
2000,03,05,07,09,10,
11,12

ラ・ムーリーヌ、ラ・ランドンヌ、ラ・トゥルクは「La La's（ララズ）」と呼ばれるギガルの特別なワイン

コートロティ ラ・ランドンヌ ギガル
CÔTE RÔTIE LA LANDONNE E.GUIGAL

参考価格

約 **4.2** 万円

主な使用品種

シラーズ

Good Vintage

1978,83,85,87,88,89,
90,91,94,95,97,98,99,
2002,05,06,07,09,10,
11,12

コートロティ ラ・トゥルク ギガル
CÔTE RÔTIE LA TURQUE E.GUIGAL

参考価格

約 **4.1** 万円

主な使用品種

シラーズ、ヴィオニエ

Good Vintage

1985,87,88,89,90,91,
94,95,97,98,99,2001,
03,05,07,09,10,11,12

157

世界中のワインファンが欲しがる「LALALAトリオ」

　ローヌ有数の優良生産者として誰もが認める「E.GUIGAL(ギガル)」。そんなギガルの特別なワインが、通称**「La La's(ララズ)」**と呼ばれる「ラ・ムーリーヌ」「ラ・ランドンヌ」「ラ・トゥルク」の3つのワインです。

　ララズの一つ、ラ・ムーリーヌは生産量がわずか400ケース(4800本)とララズの中では最も少量生産であり、希少価値の高いワインです。現在も価格は高騰していますが、**「価格に見合う数少ないワイン」**の一つに挙げられることもあります。アロマが芳しく、3つのワインの中では最もエキゾチックでエロティックなワインとも表現され、誰もが虜になってしまうと評判です。

　ラ・ランドンヌはシラーズ種100％を使い、タバコやトリュフ、スパイスなどを感じる深い味わいを醸し出し、ララズのワインでは最も息が長いと言われます。

　どの評論家もランドンヌが醸し出すアロマを評価し、良年のワインに至っては**「40年はこの香りに酔いしれることができる」**と評価されることもあります。パーカーポイントでも10ヴィンテージで100点を獲得し、デカンタ誌やワインスペクテーター誌などからも高評価を受けています。

　ランドンヌといえば、以前とある日本の会員制クラブのレストランでお宝ヴィンテージが市場価格の3分の1以下で売られているのを見かけたことがあります。現状の価格をソムリエの方にお伝えしましたが、「そこまで値が高騰しているとは知りませんでした」と驚かれていました。

ラ・トゥルクは、1985年に初めてリリースされ、なんと**デビューヴィンテージでパーカーポイント100点を獲得**しました。85年産はわずか200ケース（2400本）のみの生産でしたが、「デビューヴィンテージ」「パーカーポイント100点」「少量生産」という理由が重なり、その価格は一層高騰しました。その後もラ・トゥルクは、軒並み高得点を獲得しています。

　ラ・トゥルクは、ララズの中では最も若いぶどうの樹から造られるため、鉄分が豊富で少々重さを感じることもあります。そのため、どのヴィンテージも最低10年は寝かせ、抜栓時も３～４時間のデカンタが勧められています。

ローヌ／エルミタージュ

エルミタージュ・ラ・シャペル　ポール・ジャブレ・エネ

HERMITAGE LA CHAPELLE PAUL JABOULET AÎNÉ

参考価格

約**2**万円

主な使用品種

シラーズ

GOOD VINTAGE

1961,78,89,90,2003, 09,10,12,15,16,17

ポール・ジャブレ・エネは、ローヌ北部一帯に約114ヘクタールもの広大な敷地を所有し、生産者としてだけでなく大手ネゴシアンとしても事業を拡大するローヌの大手ワイン会社

160

1ケース1000万円超え！
ロマネコンティの価格を上回ったワイン

　ポール・ジャブレ・エネが造るワインの中でも、特に「エルミタージュ・ラ・シャペル」は、**世界で最も優れたワインのひとつにも**挙がる名品です。「ラ・シャペル」という名は、13世紀に騎士の隠れ家として建てられた小さな石造りの礼拝堂にちなんで名付けられたと言われています。

　エルミタージュ・ラ・シャペルがトップワインとして認められたのは、2007年にロンドンで開催されたオークションでのことでした。競りにかけられた**1961年産1ケースが、なんと12万3750ポンドで落札された**のです。

　これは、当時ロマネコンティで最も高い落札額を誇っていた1978年産の9万3500ポンドを上回る額で大きなニュースとなりました。

　以来、エルミタージュ・ラ・シャペルはボルドーやブルゴーニュのワインと共に**最高級ワインのポートフォリオリストに挙げられるようになりました。**ロバート・パーカーも「61年産は今まで自分が飲んだ赤ワインの中で最高の赤ワインの一つだ」と大絶賛し、61年産だけでなく78年、90年にも100点を与えています。私も78年産をいただきましたが、間違いなく最高の赤ワインのひとつだと感じました。

　とはいえ90年に高得点を獲得した後、生産に関わっていたジェラルド・ジャブレ氏が亡くなって以降は、しばらく低迷が続きました。その後、10年以上かかりましたが2003年にパーカーポイント96点、2009年に98点を獲得し、以前の輝きを取り戻しつつあります。

> ローヌ／シャトーヌフ・デュ・パプ

シャトー・ド・ボーカステル　オマージュ・ア・ジャックペラン

CHÂTEAU DE BEAUCASTEL HOMMAGE A JACQUES PERRIN

参考価格
約 **4.1** 万円

主な使用品種
ムールヴェードル、シラーズ、グルナッシュ、クノワーズ

GOOD VINTAGE
1989,90,95,99,2000,
01,05,09,10,11,12,13,
14,15,16,17

描かれている紋章は、シャトーの始まりとなった大邸宅の壁に飾られていたものとされている

162

13種類ものぶどうを使い分ける、シャトーヌフ・デュ・パプの第一人者

　ローヌ地方には「シャトーヌフ・デュ・パプ」というワイン産地が広がっています。「法王の新しい城」という意味のこの地は、法王にワインを捧げる村として発展しました。

　シャトーヌフ・デュ・パプの中でもトップの実力を誇るのがシャトー・ド・ボーカステルです。ボーカステルは、シャトーヌフ・デュ・パプに130ヘクタールもの広大な畑を所有するローヌの老舗シャトーで、**ローヌ地方で初めて有機栽培に踏み出し、以来ずっと有機栽培にこだわり続けています**。

　シャトーヌフ・デュ・パプでは13種ものぶどうの使用が認められていますが、当然すべてのぶどうを栽培・使用するのは困難であり、リスキーです。しかし、ボーカステルは**13種すべてのぶどうを栽培し、ワインによって適切なものを選び・ブレンドして奥深さを醸し出しています**。

　特に、ボーカステルの高級ブランド「オマージュ・ア・ジャックペラン」は、古樹のムールヴェードル種をメインに使用しており、凝縮感がありながら透明感も表現している優れた味わいです。どのヴィンテージも安定した品質を保っており、常にパーカーポイント高得点を得る名品で、特に89年と90年産は稀にみる最高の出来と大絶賛されています。

　また最近では、ボーカステルはブラッド・ピット、アンジェリーナ・ジョリー元夫妻がプロデュースした、プロヴァンス地方のロゼワイン「シャトー・ミラヴァル」のワイン造りにもかかわりました。ミラヴァルは、どの評論家もその品質を絶賛し、発売当初の6000本はわずか数時間で売り切れています。

ローヌ／シャトーヌフ・デュ・パプ

シャトー・ラヤス
CHATEAU RAYAS

参考価格
約**8**万円

主な使用品種
グルナッシュ

Good Vintage
1989,90,95,2003,05, 09,10,12

OTHER WINE

シャトー・ラヤス
シャトーヌフ・デュ・パプ ブラン
CHATEAU RAYAS CHATEAUNEUF DU PAPE BLANC

約**3.7**万円

ラヤスはローヌで最高の白ワインも産出している。ラヤスの白ワインは5〜15年と長い熟成を要し、「ローヌのモンラッシェ」とも呼ばれ、隠れた投資対象にもなっている

ローヌの地で4代続くミステリアスなシャトー

シャトー・ラヤスは、1980年代後半まで電気が引かれていなかったという一風変わったシャトーです。そのワイン造りも特徴的で、ラヤスが造るシャトーヌフ・デュ・パプは、**13種の品種が認められているこの地で「グルナッシュ種」だけで醸造**されます。そんなことから、ワイン関係者からは「ミステリアスだ」と言われることがしばしばあるシャトーです。

一方で、ロバート・パーカーのお気に入りワインでもあり、人気と実力も兼ね備えています。特に1990年産については、パーカーが「私の個人的なコレクションの中で一番優れたワイン」とコメントし、今では発売価格40〜50ドルが1600ドル近くにまで高騰しています。

ラヤスといえば、1920年にシャトーの経営を引き継いだ2代目のルイ・レイノー氏が有名です。今でも「エキセントリックな人」として語り継がれるルイは、1級ではない畑で造られたワインに「1級畑」と記載するなど少々問題児扱いされましたが、シャトーヌフ・デュ・パプの重鎮であったロイ男爵に気に入られ、ローヌの代表的な造り手に選ばれたこともあります。

ルイの遺志を引き継いだ息子のジャック・レイノーも**「シャトーヌフ・デュ・パプのゴッドファーザー」**と呼ばれ、ボルドーやブルゴーニュに押されていたローヌワインの知名度を上げ、ローヌの貢献者となりました。

そして、1997年にジャックが亡くなって以降も、4代目当主のエマニュエルにより、伝統的なスタイルを守りながら世界で評価されるワインを生み出し続けています。

偽造ワインの見分け方

　1600年代、高級クラレットとしてイギリスで人気を博した「オーブリオン」（→68ページ）の偽造ワインが出回りました。これは、最も古い偽造ワイン事件として記録されており、他のボルドータイプとまったく異なるオーブリオンのボトルは、この偽造防止のために生まれたと言われています。

　現代においても、偽造ワインはワイン関係者の悩みの種です。ひと昔前は、ワイン名のスペルが間違っているなど容易に見分けがつくものが多かったのですが、現在出回っている偽造ワインはあまりに巧妙で、**本物と偽造を並べてようやく識別できるほど**です。私も、偽造犯ルディ（→48ページ）が造った偽造ワインを何本も手に取ったことがありますが、その真贋の判定は一般の方には困難だと思います。

　偽造ワインを疑う場合、我々がまず調べるのは**ラベルの紙質**、**フォント・デザイン**、**印刷の仕方**です。高級ワインの生産者たちは、こうしたラベルの情報を完全に社外秘としています。

　たとえば紙質で言えば、高額ワインのペトリュスは特別な紙を使用していますし、一見シンプルなロマネコンティの紙質も非常に特殊なもので、触感や光沢がまったく異なります。古いロマネコンティの偽造ワインは、その古さを表現するためにサンドペーパーなどでラベルを擦った跡が見受けられることがありますが、それも手触りの違いですぐに偽造と識別できます。

　フォント・デザインも着目すべき点です。ヴィンテージごとに微妙にデザインを変えたり、通常の技術では印刷ができない工夫が施されていたりします。ペトリュスの場合は聖ペトロの顔、ラトゥールの場合は塔とライオンの顔、シュヴァルブランの場合はゴールド

のインクなど、それぞれのワインでチェックポイントがあるのです。本物のラベルのコピーの場合は、紙質に加え、コピー独特のインクがラベルに飛ぶ現象が見受けられます。

　印刷の仕方にも工夫が施されており、最もわかりやすいのはロマネコンティです。下記のように、通常の印刷では難しい、文字を縁取るような巧みな印刷技術が使われています。

左が偽物。右の本物は、文字が縁取りされている。

　偽造ワインは、我々が想像する以上に身近に存在します。現在も回収されていないルディのワインが多数出回っていますし、その一部が日本に入ってきているという情報もあります。

　こうした偽物をつかまないためには、なるべく木箱入りのものを購入し、来歴を調べ、本物かどうかを見極めることが必要です。また、オークションハウスや信頼できる販売店からの購入をお勧めします。

イタリア
ITALY

※2009年から施行された新ワイン法にのっとり、DOCGとDOCをあわせて「DOP」と表記する場合もある

ワイン生産量でフランスを抜いて世界1位を獲得し、輸出量でも世界2位のイタリアは（2017年データに基づく）、土着品種が2000種以上、20の州すべてでワインが造られる、フランスと肩を並べるワイン大国です。
　イタリアでは産地に格付がなされており、「DOCG」をトップに左のようなピラミッドが形成されています。
　そしてイタリアの中でも、特にDOCGランクの土地が多く、高級ワイン産地として認識されているのが「ピエモンテ州」と「トスカーナ州」です。この2つの州から特筆すべきワインをいくつか紹介していきましょう。

ピエモンテ／ランゲ

ダルマジ ガヤ
DARMAGI
GAJA

参考価格

約 **2.1** 万円

主な使用品種

カベルネ・ソーヴィニヨン、メルロー、カベルネ・フラン

GOOD VINTAGE
2001,08,11,12,15

3代目ジョバンニ・ガヤは、「我々はガヤを売っているのだから」と、1937年に生産者の名前「GAJA」の文字を赤字で大きく際立たせたデザインにラベルを変更した。そのマーケティング戦略は大成功し、ガヤは一躍有名となった。現在は、赤字ではなく、白黒のシンプルなデザインに統一されている

身内からも嘆き、呆れられてしまった、イタリアワインの帝王が造る斬新なワインたち

　イタリア随一のワイン銘醸地ピエモンテ州の中でも、特に有名な生産地がランゲ地区の**バルバレスコ村**と**バローロ村**です。

　どちらもイタリア格付トップの DOCG に認定される土地であり、多くの生産者がここで「バルバレスコ」「バローロ」を冠したワインを生産しています。

　特に、ピエモンテ州で5代続く老舗の生産者「GAJA（ガヤ）」はバルバレスコの名を世界に発信した、誰もが認めるイタリアワインの立役者であり、「イタリアワインの帝王」の異名を持つ偉大な生産者です。

　ガヤのフラッグシップワイン「バルバレスコ（→173ページ）」は、**ガヤファミリーが代々手に入れてきた14の畑から厳選したぶどうで造られる、ガヤが特に大切にしているワイン**でもあります。フォーブスが発表したバルバレスコを代表する造り手のトップに選ばれたのもガヤでした。

　一方でガヤは、イタリアの伝統にとらわれない自由な戦略で斬新なワインを造ってきたことでも有名です。特に**4代目アンジェロ・ガヤ**は、当時のイタリアではタブーだったフランス品種を使ったり、変わった名前のワインを造ったりするなど、常識にとらわれない革新的な造り手としてその名が知られています。

　たとえば、アンジェロがバルバレスコの最良の畑に植えてあったイタリアの伝統品種ネッビオーロ種を抜き、フランス品種のカベルネソーヴィニヨン種に植え替えてしまったストーリーは有名です。

　それを知った父親は「ダルマジ（＝なんて残念なことを！）」と

嘆き、その**父親の嘆きを冠したカベルネソーヴィニヨン主体のワイン「DARMAGI(ダルマジ)」**が生まれました。ダルマジは、今では入手困難なワインの一つに挙がる名品です。

アンジェロは、1960年代に世界で初めてバルバレスコの単一畑もリリースしました。バルバレスコの畑でも特に個性的な特徴を持っていると考えた3つの畑**「コスタ・ルッシ」「ソリ・ティルディン」「ソリ・サン・ロレンツォ」**を単一畑としてリリースし、バローロでも単一畑の**「スペルス」「コンテイザ」**をリリースしています。

さらに、バルバレスコは赤ワインで有名ですが、1979年にはその一等地にシャルドネ種を植えて**白ワイン「ガヤ・エ・レイ」**の生産も開始しています。その奇抜なアイデアは身内からも呆れられてしまったと言われますが、今ではオークション市場にも登場する高級白ワインとなっています。

また、現在は本拠地のピエモンテ州だけでなくトスカーナ州にも進出しています。1994年には、トスカーナ州のモンタルチーノで畑を購入し、ブルネッロ・ディ・モンタルチーノ(→187ページ参照)を生産しています。

また、スーパータスカン(→177ページ参照)の聖地ブルゲリ村でも**「カ・マルカンダ」**というユニークな名称のワインを生産しています。この土地を訪れたアンジェロは一目で土壌を気に入り、所有者へ土地の売却を持ちかけました。しかし、なかなか話はまとまらず、ようやく土地を手に入れたのは18回目の交渉の時だったそうです。

この長い交渉からインスピレーションを得て、ここで造られるワインは**「カ・マルカンダ(＝終わりのない交渉)」**と命名されました。カ・マルカンダは2000年にデビューを飾っています。

ガヤがリリースする その他のワインたち

バルバレスコ
BARBARESCO
約 **2.2** 万円
ガヤのフラッグシップワイン

コスタ・ルッシ
COSTA RUSSI

ソリ・ティルディン
SORI TILDIN

ソリ・サン・ロレンツォ
SORI SAN LORENZO
各約 **4.5** 万円
バルバレスコで造られる単一畑シリーズ

スペルス
SPERSS

コンテイザ
CONTEISA
各約 **2.5** 万円
バローロで造られる単一畑シリーズ

カ・マルカンダ
CA'MARCANDA
約 **1.4** 万円
スーパータスカンの聖地
ブルゲリで造られる赤ワイン

ガヤ・エ・レイ
GAIA & REY
約 **2.6** 万円
バルバレスコで造られるシャルドネ白ワイン

173

ピエモンテ／ランゲ

バローロ ファッレット ブルーノ・ジャコーザ
BAROLO FALLETTO
BRUNO GIACOSA

参考価格
約 **3.8**万円

主な使用品種
ネッビオーロ

Good Vintage
1989,90,96,97,98,99,
2000,01,04,05,07,08,
11,12,14

ジャコーザのワインラベルには白色と赤色があり、通称「赤ラベル」と呼ばれるこちらは「リゼルヴァ」に当たる。リゼルヴァとは通常よりも熟成を長くしたものであり、バローロの場合は、最低5年の樽熟成が義務付けられている

イタリアワイン界の巨星が残した功績

　ピエモンテ州・ランゲ地区の伝説的造り手が**ブルーノ・ジャコーザ**です。2018年1月に惜しまれつつも88歳で亡くなりましたが、インスタやツイッターには、故人を偲び、ブルーノが残した功績を称える投稿が多く寄せられました。

　ブルーノは15歳の頃から父親と祖父にワイン造りを学び、次第に地元の土着品種ネッビオーロ種に魅了されるようになりました。少ない収穫量でテロワールの特徴を生かす、伝統的とも言えるブルーノ流のワイン哲学はこの頃から築かれたのでしょう。1960年代には、信頼する業者からぶどうを買い付け、自身の名でワインをリリースしています。

　ブルーノがバローロにぶどう畑を購入したのは80年代のことでした。ワインスペクテーター誌が**「This is Romanée Conti of Barolo（バローロのロマネコンティ）」**と表現したように、彼の造るバローロは、数あるバローロの中でも高い評価を得ています。

　90年代にはバルバレスコにも畑を購入しましたが、こちらも**ガヤと並ぶバルバレスコの二大巨塔**と称賛される名品です。

　ブルーノは**アルネイス種を復活に導いた造り手**としても有名です。アルネイス種とはピエモンテ州の土着白ぶどう品種で、以前はネッビオーロ種のタンニンを和らげるためのブレンド用としてよく使われていました。ところが、多くの生産者がネッビオーロ種100％のワインを造るようになり、アルネイス種の需要は極端に減少。ブルーノは、そんな下火になっていたアルネイス種100％を使った白ワインを手がけ、存続すら危ぶまれたアルネイス種を救ったのです。今ではアルネイス種は、アーモンドやヘーゼルナッツのアロマが特徴の白ワインとして人気となっています。

トスカーナ／ボルゲリ

サッシカイア
SASSICAIA

参考価格
約 **2.7** 万円

主な使用品種
カベルネ・ソーヴィニヨン、
カベルネ・フラン

GOOD VINTAGE
1985,2006,07,08,
09,13,15,16

> サッシカイアが造られるボルゲリ村は、今では「スーパータスカンの聖地」として有名になっている

176

「テーブルワイン」なのに、イタリア初の偉業を達成

　1990年代から世界に新風を巻き起こしているのがイタリアの**「スーパータスカン」**です。スーパータスカンとは、イタリアのワイン法に定められた品種・製造法に縛られないトスカーナ州で造られるワインを指します。その前衛的なマインド、そしてカリフォルニアの高級ワインを彷彿とさせる味わいから、今ではオークションで争奪戦が繰り広げられる、イタリア高級ワインの代名詞となっています。

　そんなスーパータスカンの先駆けとなったのが「サッシカイア」です。1940年代、フランスから持ち帰ったボルドー品種カベルネソーヴィニヨン種の苗をトスカーナの畑に作付けしたことから、そのワイン造りはスタートしました。

　当時のイタリアでは、フランス品種の使用はご法度だったため、サッシカイアは**格付最下位の「テーブルワイン」に属する**ことになりました。

　しかし、そんな格付を物ともせず、**1985年産ではイタリアワインで初のパーカーポイント100点満点を獲得**。テーブルワインという格付でありながら最高評価を獲得し、スーパータスカンの象徴となりました。2018年には、ワインスペクテーター誌が毎年ブラインドテイスティングで審査する「トップ100ワイン」でも1位に選ばれています。

　フランス産品種を使ったサッシカイアは、ボルドーのグランヴァン（一流ワイン）が表現できない、**高級でありながらカジュアルさを併せ持つ、イタリアらしい味わい**を引き出すことに成功しました。時に重々しさを感じるカベルネソーヴィニヨン種が、イタリア人の手によって気負いのない自然体なものに変化しています。

トスカーナ／ボルゲリ

オルネライア
ORNELLAIA

参考価格
約 **2.2** 万円

主な使用品種
カベルネ・ソーヴィニヨン、メルロー、カベルネ・フラン、プティヴェルド

GOOD VINTAGE
1997,99,2001,06,08, 09,10

有名ワイン誌で世界第1位も獲得!
アートへの造詣も深い洒落たワイナリー

「オルネライア」も地元のぶどう品種ではなく、フランス品種による新しいスタイルのイタリアワインであり、サッシカイアと共にスーパータスカンの象徴となっています。2001年に、**ワインスペクテーター誌の「トップ100ワイン」で1位を獲得**し、スーパータスカンの象徴としての地位を不動のものとしました。

オルネライアでは、ムートン・ロスチャイルドが毎年違ったアーティストにラベルをデザインさせるように、醸造家が表現したワインの味わいをアーティストが絵で描く限定ラベル(右下写真)を2009年から発売しています。ドメーヌの敷地内にも美術館が開設され、アートとワインのコラボ作品が展示されています。

2013年には、ソーヴィニヨンブラン種とヴィオニエ種をブレンドした白ワイン**「オルネライア・ビアンコ」**の生産も始めました。4000本限定のこのワインは、少量生産のため即売切れとなってしまいました。

「マセット」(→180ページ)の醸造家ハインツ氏は、このボルゲリ村からの新たな白ワイン誕生を受け、「ボルゲリは、世界で最も良質な白ワインの畑に匹敵する可能性がある」と語りました。実際にこの2013年産オルネライア・ビアンコは評論家にも絶賛され、高得点を獲得しています。

イタリア

オルネライアの限定ボトル

トスカーナ／ボルゲリ

マセット
MASSETO

参考価格
約**8**万円

主な使用品種
メルロー

GOOD VINTAGE
1999,2001,04,06,07,
08,10,11,12

オルネライアとマセットを手掛けるテヌータ・デル・オルネライア社は、アンティノリ家の当主の弟、ロドヴィコ・アンティノリにより1981年に設立された。現在はフラスコバルディ社の傘下となっている

イタリアで前例のない
メルロー種100％で大ヒット！

「オルネライア」を生み出したテヌータ・デル・オルネライア社が造るもう一つのスーパータスカンが「マセット」です。**イタリアで最も高額なワインの一つ**であり、パーカーポイント高得点を連発するトスカーナワインのアイコン的存在です。特にパーカーポイント100点満点を獲得した2006年産は大変な人気で、オークションでも入手しづらいアイテムとなっています。

マセットが多くの注目を集める理由は、サッシカイアやオルネライアなど、他のスーパータスカンがカベルネソーヴィニヨン種で成功したなかで、**あえてメルロー種100％のワイン造りに挑戦した**ことです。

繊細で暑さに弱いメルロー種を実験的にこの地に入植したところ想像以上のワインが生まれました。当初はわずか600本のみの生産でしたが、翌年の1987年には本格的なデビューを目指し、3万本が生産されています。

その後、リリースするたびに高評価を獲得したマセットは世界中で人気を集め、**「スーパータスカン」というジャンルを不動のものとした立役者**となりました。

高得点を伴い、洗練されたスタイルで華々しく登場したマセットに、アメリカのワイン愛好家たちも魅了されてしまいました。メルロー種を使ったワインといえば、フランスの大御所「ルパン」「ペトリュス」が有名ですが、アメリカのメルローワインコレクターたちも、パワフルでリッチ、そして繊細なマセットの味わいにハートを鷲掴みにされてしまったのでした。

トスカーナ／ボルゲリ

ティニャネロ
TIGNANELLO

参考価格

約 **1.3** 万円

主な使用品種

サンジョベーゼ、カベルネ・フラン、カベルネ・ソーヴィニヨン

Good Vintage

1990,97,2001,04,07, 08,09,10,13,15,16

182

英国王室のメーガン妃が溺愛

　1970年代、モダンワインの先駆けとして登場したのが「ティニャネロ」です。地元品種のサンジョベーゼ種を主体にしながら、当時のイタリアではご法度だった**フランス品種のカベルネソーヴィニヨンとカベルネフランをブレンド**し、サンジョベーゼの魅力をさらに引き出すことに成功しました。これまでの伝統に捉われないティニャネロのワイン造りは、その後のスーパータスカン誕生の道を切り開いたと言えます。

　最近では、2018年にイギリス王室のヘンリー王子と結婚した**メーガン・マークル(旧名)の大のお気に入りワイン**としてもティニャネロは話題になりました。

　彼女の公式ブログのタイトルは「The Tig」でしたが、これはTignanello(ティニャネロ)の頭文字「Tig」から付けられたとされます。すでにブログは閉鎖していますが、実際、ティニャネロについての感想がよく投稿されていました。

　ティニャネロは、トスカーナのワイナリー**「アンティノリ」**の代表作ですが、イタリアワインを語るうえでアンティノリの存在を欠かすことはできません。

　1385年にワインビジネスを始めたアンティノリは、イタリアのみならず**世界最古のワイナリー**でもあります。600年以上にわたり、一貫してアンティノリ一族がワイン事業に関わり(現在は26代目)、トスカーナを拠点にイタリア各地、そしてアメリカ、チリにも進出して、広くワインビジネスを展開しています。

　2012年には、7年の歳月をかけて総工費100億円はくだらないとされる新ワイナリーを完成させました。フィレンツェの若手建築家を起用した、こだわり抜いたモダンなデザインは圧巻の一言です。

トスカーナ／ボルゲリ

ソライア
SOLAIA

参考価格
約 **2.8** 万円

主な使用品種
カベルネ・ソーヴィニヨン、サンジョベーゼ、カベルネ・フラン

GOOD VINTAGE
1985,97,2001,04,07,09,10,12,13,14,15

デビュー当時から毎年ぶどうのブレンド率を変更し、20年近くをかけてようやく現在のブレンド率と味のスタイルが確立された

「作りすぎたけど、捨てるのはもったいない」から生まれて世界一に

　トスカーナの名家アンティノリが、ティニャネロに続いて発表したのが「ソライア」です。

　ティニャネロはサンジョベーゼ種を主体にカベルネソーヴィニヨン種、カベルネフラン種をブレンドしていますが、反対にソライアはカベルネソーヴィニヨン主体で造られています。

　実はこれ、ティニャネロ用に栽培したカベルネソーヴィニヨンを作りすぎてしまい、**捨てるにはもったいないから**、ということで造られたものなのです。

　しかし当時のイタリアで、やはりフランス系品種主体のワインが受け入れられるはずはありませんでした。ティニャネロ同様にソライアも、イタリアのワイン関係者からは「異端の存在」として冷ややかな目で見られてしまいます。

　しかし、他のスーパータスカンと同様に世界からは注目を集め、今では高い評価を得るようになりました。

　2000年には、**イタリアワインで初のワインスペクテーター誌1位を獲得**。さらに、トスカーナ全体が伝説的な良年であった2015年産ではワインアドヴォケイト誌にて100点を獲得し、ロバート・パーカーからも大絶賛されるなど、高い評価を得ています。

　今では、ティニャネロと並ぶアンティノリの代表作として、世界中のワインコレクターから注目を集める存在です。

イタリア

トスカーナ／モンタルチーノ

ブルネッロ・ディ・モンタルチーノ リゼルヴァ ビオンディ・サンティ

BRUNELLO DI MONTALCINO RISERVA
BIONDI-SANTI

参考価格
約**6**万円

主な使用品種
ブルネッロ（サンジョベーゼグロッソ）

GOOD VINTAGE
1955,97,2001,04,05, 06,10

RISERVA（リゼルヴァ）とは「特別」という意味があり、RISERVAを名乗るためには、ぶどうの樹齢や熟成期間など、法律で定められた基準をクリアする必要がある

偶然生まれた新種のぶどう。
エリザベス女王に認められて大フィーバー

「ブルネッロ・ディ・モンタルチーノ」（通称ブルネッロ）とは、**トスカーナ州モンタルチーノ村で造られるブルネッロ種を使ったワイン**で、スーパータスカンとも人気を二分するイタリアの高級赤ワインです。

その誕生は、1800年代後半のことでした。トスカーナの名家であるビオンディ・サンティ家は、モンタルチーノ村にて、当時主流だったサンジョベーゼ種のクローンから**新品種のサンジョベーゼグロッソ種（ブルネッロ種）**を生み出しました。

濃厚でリッチな味わいに仕上がるブルネッロ種は、それまでサンジョベーゼ種を使った軽めの赤ワインや安価な白ワインが主流だったモンタルチーノ村においてもてはやされましたが、長期熟成を必要としたため**すぐに出荷して資金を回収したい生産者へはなかなか浸透せず、**結局、モンタルチーノ村でブルネッロ種の栽培・醸造を行う生産者はわずかとなってしまいました。

しかし1969年、当時のイタリアの首相ジュゼッペ・サーラガトが英国へ訪問した際、エリザベス2世女王との食事に1955年産のブルネッロ・ディ・モンタルチーノ リゼルヴァ ビオンディ・サンティを持参したことで状況は一変しました。エリザベス女王はこのワインをおおいに気に入り、新聞もそれを大きく取り上げ、ブルネッロ・ディ・モンタルチーノは**「イタリアワインの女王」**と呼ばれ、国際的な注目を集めることとなったのです。

以来、モンタルチーノの生産者たちは積極的にブルネッロを生産し、その生産量は3倍に膨れ上がり、イタリアを代表する赤ワインとなったのでした。現在は新たな生産者たちが実力をつけ、軒並み高評価を獲得しています。

イタリア

トスカーナ／モンタルチーノ

ブルネッロ・ディ・モンタルチーノ テヌータヌォーヴァ カサノヴァ・ディ・ネリ

BRUNELLO DI MONTALCINO TENUTA NUOVA
CASANOVA DI NERI

参考価格
約 **1** 万円

主な使用品種
ブルネッロ（サンジョベーゼグロッソ）

GOOD VINTAGE
1993,97,98,2006,10,11,12,13

OTHER WINE

チェッレタルト
CERRE TALTO
CASANOVA DI NERI

約 **3.1** 万円

通称黒ラベル。単一畑から造られるブルネッロ・ディ・モンタルチーノ

家族経営のワイナリーが生んだ2つの世界的なワイン

　カジュアルワイン＝「キャンティ」、高級ワイン＝「スーパータスカン」とイメージされていたトスカーナのワイン界に、新たな高級ワインとしてブルネッロ・ディ・モンタルチーノの存在を不動のものにした立役者が、カサノヴァ・ディ・ネリです。
　1971年に創設された家族経営のワイナリーで、**3代目となる現在も、外部からの資本を入れずにワインを造り続けています**。イタリアワインの次世代を担う、期待がかかる造り手です。
　カサノヴァ・ディ・ネリは、通常のブルネッロ・ディ・モンタルチーノ（通称白ラベル）に加え、ブルネッロ・ディ・モンタルチーノ テヌータヌォーヴァ、ブルネッロ・ディ・モンタルチーノ チェッレタルト（通称黒ラベル）でもその名が知られています。
　この「テヌータヌォーヴァ」と「チェッレタルト」がワイン専門誌や著名な評論家から大絶賛されたことで、カサノヴァ・ディ・ネリの名は世界に轟き、今では**ブルネッロの代表ドメーヌ**と言われるまでになったのです。
　特に、2006年にワインスペクテーター誌が選ぶ「トップ100ワイン」で2001年産のテヌータヌォーヴァが第1位に選ばれたことで、その名が世界に轟きました。テヌータヌォーヴァは、カサノヴァ・ディ・ネリの持つ畑の中でも最高区画と言われる2つの畑から生まれたぶどうを使用して造られるワインで、**ブルネッロ・ディ・モンタルチーノとしては初めてワインスペクテーター誌のトップを獲得**したのです。
　一方、通称黒ラベルと言われる「チェッレタルト」は単一の畑で造られ、わずか4ヘクタールほどの畑から8000〜9000本しか造られないワインです。こちらも2010年産がワインアドヴォケイト誌で100点を獲得するなど、高評価を得ています。

トスカーナ／モンタルチーノ

ソルデラ カーゼ・バッセ
SOLDERA CASE BASSE

参考価格
約**6**万円

主な使用品種
ブルネッロ（サンジョベーゼグロッソ）

GOOD VINTAGE
1990,93,95,99,2001,
02,04,06

8万4千本分のワインが一晩でおじゃんに

断固とした独自の哲学を持ち、ブルネッロ・ディ・モンタルチーノの造り手として異彩を放つのがカーゼ・バッセです。

1972年、元保険会社の社員だったジャンフランコ・ソルデラ氏がワイン造りに情熱を持ち、モンタルチーノの地でワイン造りを始め、カーゼ・バッセを創業しました。**独自の哲学に従ってエコシステムの環境を整え、オーガニックにこだわった栽培・醸造を行う**彼のポリシーと哲学に魅了された、熱烈なカーゼ・バッセファンが世界中に存在します。

カーゼ・バッセのフラッグシップワイン「ソルデラ」は、ブルネッロの中でも特に高価格を誇りますが、その価格をさらに高騰させる大きな事件がありました。

2012年、熟成中だった2007年から2012年のカーゼ・バッセのワイン**約8万4千本分が元従業員の仕業により大樽から流れ出てしまった**のです。ワイン業界に大きな損害をもたらした事件でしたが、皮肉にも希少性が高まったカーゼ・バッセの価格は上昇し、オークションでもソルデラの取引が盛んに行われる結果となりました。

この事件で、モンタルチーノ協会から「他の生産者にワインを譲ってもらったらどうか？」と提案されたソルデラ氏は腹を立て、協会を脱退しました。一切妥協せず、常に品質を保証したいという信念を持つ彼にとって、その発言は許せないものだったのです。

その後は、格付をIGTトスカーナに落としてリリースすることを発表し、**2006年産からはラベルの表記が「BRUNELLO DI MONTALCINO」から「TOSCANA」に変更**されています（2006年産に関しては2種類の表記が混同しており、最初に出荷された分は「BRUNELLO DI MONTALCINO」表記で、残りの在庫は「TOSCANA」表記でリリースされた。左写真は前者のもの）。

イタリア

トスカーナ／スヴェレート

レディガフィ トゥア・リタ
Redigaffi Tua Rita

参考価格
約 **2.5** 万円

主な使用品種
メルロー

Good Vintage
1998,99,2000,01,06,07,
08,09,10,11,13,15,16

ドメーヌ名の「トゥア・リタ」は、オーナーであるリタ夫人の名前「リタ・トゥア」から命名された

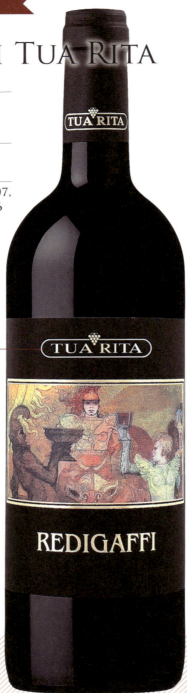

マイナー産地から届いたスーパースター誕生の吉報

　トゥア・リタは1984年創業と歴史が浅く、DOCGに認定はされているものの**ワイン産地としてはあまり有名ではないトスカーナ州のスヴェレートで生まれたドメーヌ**です。

　当時、オーナーの「自然に囲まれて生活がしたい」という気楽な思いから購入された2ヘクタールの土地は（現在は30ヘクタールもの広大な土地を所有）、偶然にも稀にみる特異な土壌で、フランス産ぶどう品種が育つための理想的な条件を満たしていました。

　そして1988年には、この地にメルロー種を入植。これにより、メルロー種100％で造られるトゥア・リタのフラッグシップワイン「レディガフィ」が誕生したのです。

　初ヴィンテージはわずか125ケース（1500本）の生産でしたが、スーパースター誕生を予感した評論家たちからは、**同じメルロー種100％の世界最高峰ワイン「ペトリュス」を思い出す**と言われ、リリース直後から絶賛されました。

　ロバート・パーカーもレディガフィを大絶賛し、「クリスチャン・ムエックス（ペトリュスのオーナー）もミシェル・ローラン（ボルドー右岸の有名ワインコンサルタント）も、メルローの本質を併せ持つレディガフィに驚くだろう」とコメントし、本物のメルローワインの誕生を喜びました。

　リリース以来、レディガフィは常に高得点を獲得し続け、トスカーナ州が最良の年で沸いた1997年には、**まだ生産もおぼつかない状況にもかかわらずワインスペクテーター誌で堂々の100点を獲得**しています。こうして、ワイン愛好家たちは同じメルロー種のイタリアワイン「マセット」の対抗馬としてレディガフィを収集するようになったのでした。

ワインオークション入門

　クリスティーズ、サザビーズ、ザッキーズなど、世界各地に拠点を置くオークションハウスにより、世界中でワインオークションが開催されています。大手が開催する「競売」というと、少々ハードルが高いと感じますが、実は**誰でも参加することが可能**です。
　現在、オークションへの参加には4つの方法があります。

1. 会場でパドルをあげて入札
2. 電話で入札
3. 入札額の上限を決めて事前に入札（紙面ビット）
4. インターネットを通じてライブで入札

　それぞれのワインにはロットナンバーが割り振られ、ロットごとにリザーブ価格（主催者と出品者側で決められた最低落札価格）が設定されています。入札希望者がいても**リザーブ価格**に満たなければ取引は成立しません。この場合、オークショニアは「Pass（パス）」と言って次のロットに移ります。縁起を担ぎ「Unsold（売れなかった）」とは言いません。
　また、それぞれのワインには**落札予想価格**も設定されていて、たとえば「US＄1000-1500」と記されています。リザーブ価格は公表されていませんが、通常はこの落札予想価格の低い価格の80～100％で設定されます。
　オークションは1時間に150ロット前後のスピードで進みます。オークショニアがワインの銘柄と**入札額（ビット）**を読み上げるので、希望する場合は素早くパドルをあげます。
　入札額は、50～1000ドルでは50ドルずつ、1000ドル～2000ドルまでは100ドルずつ、というように値段によって変わっていきます。

同額でパドルをあげた場合は、オークショニアの判断で早くパドルをあげた人が落札の権利を持ちます。落札した場合は、オークションハウスの手数料（2019年現在、大手は23〜23.5％）が加算されます。

入札には瞬時の決断が重要なため、あらかじめ出品ワインの内容、落札額の目安をつけておく必要があります。オークション開催の2週間ほど前には、出品されるワインのカタログが出来上がり、登録者へはカタログが送付されるので、事前にどのワインに入札するかの目星をつけておきましょう。古いワインの場合は細かくコンディションが明記されているので、そのワインの保存状態を把握することも重要です。

高額ワインを入札する際や、匿名を希望する場合は「電話入札」にて参加します。入札希望のロットナンバーを事前にスタッフに伝えておき、そのロットが近づく頃を見計らってスタッフが参加者へ電話を入れます。電話口にて入札をする・しないを伝え、それをスタッフがオークショニアへ伝えます。

事前入札（紙面ビッド）と呼ばれる方法は、あらかじめ入札価格の上限を決め、事前にオークションハウスへ伝えるものです。同じロットで複数の事前入札者がいる場合は、最も高い上限額を示した入札者が選ばれ（同じ額の場合は先に入札した人）、オークショニアが代行して落札します。

また、最近はネットでの入札も増えてきました。ライブ配信の映像を見ながら、世界中からクリックひとつでオークショニアに入札を伝え、落札することができます。

オークションのカタログとパドル

カリフォルニア
CALIFOR

NIA

　ここ数十年の間に、カリフォルニアワインはワインを語るうえで欠かせない存在となりました。カリフォルニアで生まれた超高級ワイン「カルトワイン」は世界中のワインファンを魅了し、またフランスのトップシャトーがカリフォルニアで新たなブランドを立ち上げるなど、これまでの伝統にとらわれないワインが続々とこの地から生まれています。

ナパ／オークヴィル

オーパスワン
OPUS ONE

参考価格

約 **4.3** 万円

主な使用品種

カベルネ・ソーヴィニヨン、メルロー、カベルネ・フラン、プティヴェルド、マルベック

GOOD VINTAGE

1996, 2002, 03, 04, 05, 07, 10, 12, 13, 14, 15, 16

SECOND WINE

オーバーチュア
OVERTURE

約 **1.5** 万円

フランス語で「序曲」を意味するオーパスワンのセカンドワイン。少量かつ良年のみの生産であり、基本的にはオーパスワンのワイナリーのみの販売のため、入手が難しく価格も高騰している

ラベルにある2つの横顔は、ジョイントベンチャーを始めた2人のオーナーのもの。右向きがロバート・モンダヴィ氏、左向きがロスチャイルド男爵。下部には2人のサインも書かれている

フランスの1級シャトーが
カリフォルニアで生み出した「最高傑作」

　フランスの1級格付であるムートン・ロスチャイルドが、カリフォルニアワインの先駆者ロバート・モンダヴィと手を組み、ナパで生まれたのが「オーパスワン」です。オーパスワンは**旧世界と新世界**※**を結ぶワインとして、新たなワイン文化の幕開けを象徴する存在**となりました。

　その誕生のきっかけは、1970年にムートンのオーナーであるロスチャイルド男爵が、モンダヴィ氏にジョイントベンチャーのアイデアを持ちかけたことからでした。その8年後、ボルドーを訪れたモンダヴィ氏がついに合意し、さっそく試験生産が始まり、「ナパメドック」という名で新たな合作ワインがリリースされました。

　正式に「オーパスワン」という名が採用されたのは1980年のことでした。オーパスワンとは音楽用語で**「作曲家の最初の傑作」**という意味です。まさにこの瞬間、新旧が融合した最初のマスターピースが誕生したのです。

　オーパスワンは年間2万5000ケースが生産され、決してその量は少量ではありませんが、徹底した管理のもとで常に最高品質を保ち、絶対的な信頼と安心感を得ています。

　手摘みで収穫されたぶどうの粒は大きさや完熟度などを識別する機械にかけられ、**基準に満たないものは容赦なく落とされます。**こうして、最高品質のワインを世界中に送り出しているのです。

　ナパを訪れた際には、オーパスワンのワイナリーもぜひチェックしてみてください。1991年に建築家スコット・ジョンソン氏の設計で設立されたこのワイナリーは「ナパの宝石箱」とも称され、とても美しく、威厳のある外観です。

※フランスやイタリアなど、伝統的なワイン生産地域は「旧世界（オールドワールド）」と呼ばれ、反対にカリフォルニアやチリなどのワイン新興地域は「新世界（ニューワールド）」と呼ばれる

ナパ／オークヴィル

スクリーミングイーグル
SCREAMING EAGLE

参考価格
約**38**万円

主な使用品種
カベルネ・ソーヴィニヨン、メルロー、カベルネ・フラン

GOOD VINTAGE
1992,93,95,96,97,99,2001,02,03,04,05,06,07,09,10,12,13,14,15,16

SECOND WINE

セカンドフライト
SECOND FLIGHT

約**8**万円

スクリーミングイーグルより生産量が低いとされる幻のセカンドワイン。カベルネ・ソーヴィニヨン種とメルロー種が主体

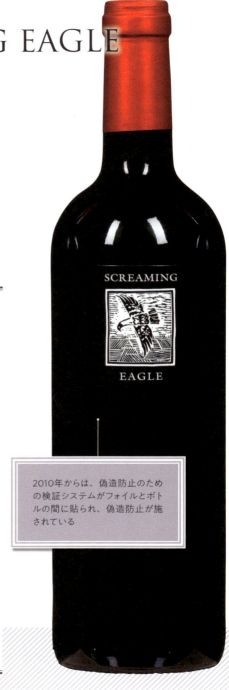

2010年からは、偽造防止のための検証システムがフォイルとボトルの間に貼られ、偽造防止が施されている

200

購入の権利獲得まで12年待ち!?
熱狂的ファンを持つカルトワイン

　カリフォルニアで注目を集めているのが「カルトワイン」と呼ばれる高額ワインです。**高品質なワインをあえて生産量を抑えることで希少性を高め、コレクターズアイテムとして愛好家たちの所有欲を駆り立てている**のが特徴で、「カルト＝崇拝」が意味するように、熱狂的なファンを持つカリスマ的存在です。

　熱狂的な崇拝者を持つ「スクリーミングイーグル」は、まさに「カルト中のカルト」と言われる一本です。年間**わずか500ケース（6000本）ほどしか生産されず、購入の権利獲得は12年待ち**の状態です。

　カベルネソーヴィニヨン種を主体とした、高いアルコール度数と凝縮されたパワフルな味わいが特徴のスクリーミングイーグルは、旧世界の評論家・生産者たちからは、飲み疲れするほどの味の強さとアルコールの高さを批判されましたが、アメリカ市場には受け入れられ、品不足で毎年価格が高騰する結果となりました。

　特にアメリカ人の評論家ロバート・パーカー氏をはじめ、ワインスペクテーター誌などのアメリカメディアは初ヴィンテージから高得点を与え、**オールドワールドでは表現できない味わい**だと褒め称えました。また、2000年には、1992年産（初ヴィンテージ）のスクリーミングイーグル 6リットルサイズが50万ドルで落札され、カルトワインの存在はさらに不動のものとなりました。初リリースからわずか8年の若いワインが高額落札を成し遂げるのは、異例中の異例だったからです。

　2012年には、ソーヴィニヨンブラン種100％で造られる「スクリーミングイーグルブラン」の生産も開始しています。生産量はわずか50ケース（600本）で、さらに生産量を減少すると発表したことから、現在は3000ドル以上という破格の値で落札されています。

ナパ／オークヴィル

ハーランエステート
HARLAN ESTATE

参考価格

約 **11** 万円

主な使用品種

カベルネ・ソーヴィニヨン、メルロー、プティヴェルド、カベルネ・フラン

GOOD VINTAGE

1991,92,94,95,96,97,
98,2001,02,03,04,05,
06,07,08,09,10,12,13,
14,15,16

SECOND WINE

ザ・メイデン
THE MAIDEN

約 **3.7** 万円

ハーランのセカンドワイン「ザ・メイデン」は毎年ブレンド率を変え、平均900ケースが生産されている。セカンドとはいえ、その実力は旧世界にも認められており、ヨーロッパのオークションでも入札が集まる

ハーランのエレガントさを引き立てる美しいラベルデザインは、オーナーのウィリアム・ハーラン氏自身が手がけたもの。19世紀の彫刻にインスパイアされ、10年の歳月をかけてデザインされた

富豪がセカンドライフで造ったワイン。
でも、その実力は超一級！

　アメリカのビジネスマンの間では、ワイナリーのオーナーになることがリタイア後の憧れのライフスタイルだと言われています。ワインビジネスで余生を送るのが成功者だとみなされ、豊富な資金力でワインビジネスに転身するエリート層が増えているのです。

　ハーランエステートのオーナー、ウィリアム・ハーラン氏も誰もが憧れる理想のキャリアをたどった成功者の一人です。不動産王として大成功を収めたハーランは、1984年にハーランエステートを設立しました。「ワインの魔術師」の異名を持つミシェル・ローラン氏を雇い入れるなど本格的にワイン造りを始め、創業以来、ずっと同じチームでワインを醸造し続けています。

　設立当初の目標は「ボルドーの１級シャトーに引けを取らない高級ワインを造ること」でしたが、なんとハーランは、**ボルドー１級シャトーが何百年もかけて得た名声を初ヴィンテージで獲得**してしまいました。初ヴィンテージの1990年産のテイスティングに臨んだ評論家たちはハーランの登場をもろ手を挙げて喜びました。さらに、その後も立て続けにパーカーポイント100点満点を獲得し、ハーランは一気にスターの階段をかけあがったのです。

　現在はボルドーの１級シャトーより高値で売買され、**メーリングリスト（リストの登録者だけが購入できる）の権利がオークションにかけられるほどの人気ぶり**です。65ドルでリリースされた90年産も、2019年のオークションでは１本約1300ドルという高値で落札されています。有名ワイン評論家であるジャンシス・ロビンソンもハーランを「20世紀で10本の指に入る偉大なワイン」と絶賛するなど、究極のカルトワインの一つとしてその名を世界に轟かせています。

カリフォルニア

ナパ／オークヴィル

ボンド メルベリー
BOND MELBURY

参考価格

約 **5** 万円

主な使用品種

カベルネ・ソーヴィニヨン

GOOD VINTAGE

2001,02,03,04,05,07,
10,12,13,14,15,16

OTHER WINE

メイトアリーク
MATRIARCH

約 **2.6** 万円

単一畑シリーズの5つの畑から取れるぶどうをブレンドして造られる。ブレンド率は非公開だが、5つの単一畑に比べるとバランスのとれた味わいに仕上がっている

80以上の畑から選び抜かれた「ボンド5兄弟」

90年代に登場した「元祖カルトワイン」に続き、90年後半から続々と登場したのが**「次世代カルトワイン」**と呼ばれる個性豊かな新生ワイナリーです。

その筆頭がハーランエステートのウィリアム・ハーラン氏が設立したボンドエステートです。「ボンド」はハーラン氏の母親の苗字に由来します。

ハーラン氏が目指したのは、ブルゴーニュのように「テロワールに特化したワインを造ること」でした。そして、四半世紀にもわたりナパで最高のテロワールを探し求め、80以上の畑から慎重に選んだのが、「メルベリー」「ヴェッチーナ」「セント・エデン」「プリュリバス」「クゥエラ」の5つの畑です。

ボンドは、この5つの畑から生まれるカベルネソーヴィニヨンを使用し、DRCのように**それぞれの畑の個性を重視した単一畑ワイン**を造りました。

「メルベリー」はスパイシーさと果実味の融合を、「ヴェッチーナ」はパワフルさとミネラル感を特徴づけています（共に1999年デビュー）。2001年デビューの「セント・エデン」は甘みとハーブのバランスが特徴的であり、2003年デビューの「プリュリバス」は凝縮感と杉の香りが備わっています。2006年に発表された「クゥエラ」は、「自然の源」という意味のドイツ語に由来し、火山灰に覆われた古代の土壌が残る畑から生まれる、躍動感に溢れるリッチな味わいが特徴です。

これらのワインは単一畑で造られるために**450〜600ケースと少量しか生産できず、**さらにパーカーポイント100点も獲得しているため、毎年その価格は上昇しています。

ナパ／オークヴィル

コルギン　ハーブラムヴィンヤード
COLGIN
HERB LAMB VINEYARD

参考価格

約 **5** 万円

主な使用品種

カベルネ・ソーヴィニヨン

GOOD VINTAGE

1994,95,96,97,99,
2001,06,07

OTHER WINE

ティクソンヒル
TYCHSON HILL　　約 **5** 万円

カリアド
CARIAD　　約 **5** 万円

ナンバーナインエステート
IX ESTATE　　約 **6** 万円

コルギンが生産するその他のワイン。中でもナンバーナインエステートの畑は、ぶどう育成の理想的条件をすべて満たした桃源郷とも言われている

206

「3000人待ち」の高評価連発ワイン

コルギンはオークションに毎回登場するお馴染みの高いワインです。現在は、「ハーブラムヴィンヤード(Herb Lamb Vineyard)」「ティクソンヒル(Tychson Hill)」「カリアド(Cariad)」「ナンバーナインエステート(IX Estate)」の4つのラインナップが生産されています。

コルギンの記念すべきデビューヴィンテージは1992年でした。カベルネソーヴィニヨン100%を使った1992年産のハーブラムヴィンヤードには、「驚くべき凝縮感」「エレガントの真髄」と称賛のコメントが多く寄せられ、華々しいデビューを飾りました。

その後も**リリースするワインすべてで高得点を獲得**し、ナパが天候に恵まれずに多くのワイナリーが苦しんだ2000年ですら深みのあるアロマを醸し出し、その底力を見せつけました。

コルギンは、ナパのカルトワインの中でも特に少量生産であり、その生産数は**それぞれ350ケース(4200本)**ほどです。

さらに、生産の70%がメーリングリストに名を連ねる定期購買者へと販売されますが(残り30%はNYやカリフォルニアの高級レストラン&海外輸出)、このメーリングリストには現在8000人が登録しており、**3000人がウェイティングリストで権利獲得待ち**の状況です。

2017年には、ルイヴィトングループがコルギンセラーズの60%を買収したというニュースが流れましたが、コルギンセラーズは現在1億ユーロの価値があるとすら言われ、ここからもその評価の高さがわかります。

ナパ／オークヴィル

マヤ
MAYA

参考価格
約5万円

主な使用品種
カベルネ・ソーヴィニヨン、
カベルネ・フラン

GOOD VINTAGE
1990,91,92,93,94,95,
96,97,99,2001,02,05,
07,08,09,10,12,13,14,
15,16

ワイナリーを創設したダラヴァレ夫妻の夫人は日本人。ワイン名の「マヤ」は娘の名前から取ったもの

実はワイン名は「娘」の名前。
日本人女性がオーナーのワイナリー

　イタリアからカリフォルニアへ移住したダラヴァレ夫妻は、1986年にダラヴァレワイナリーを設立しました。

　もともとイタリアでワイン事業に携わっていた夫のグスタフ・ダラヴァレ氏、そして夫人のナオコ・ダラヴァレ氏は、ナパのテロワールを生かしたワイン造りを始め、1988年に「マヤ」を発表。多くの評論家から長期熟成型に仕立てたそのスタイルを高く評価されました。

　カベルネソーヴィニヨンとカベルネフランのブレンディングで織りなす凝縮感、カシスとバニラが香り立つアロマが特徴で、ロバート・パーカーも「スーパースターの誕生だ」とマヤの誕生を喜び、4度も100点を与えています。

　中でも衝撃だったのは、デビュー数年でパーカーポイント100点を獲得した1992年産でした。**多くのナパのワイナリーが100点を逃したその年、マヤは非の打ちどころのない完璧な味わいに仕上げ、堂々の100点を獲得**したのです。発売当初20ドルだった92年産は、3年で3倍以上の値を付け、今では**30倍以上**になっています。

　現在は95年に他界したグスタフ・ダラヴァレ氏に代わり、醸造を元スクリーミングイーグルの著名な醸造家アンディ・エリクソン氏が、コンサルタントに「ブレンドの魔術師」と呼ばれる世界的に有名なミシェル・ローラン氏が就任し、マヤ独特の深みと凝縮感を表現しています。そして、オーナーは夫人のナオコ氏が務めています。

　生産量わずか200ケースから始まったマヤですが、**現在も500ケース（6000本）とその生産量は少なく、入手困難なカルトワインの一つ**です。

カリフォルニア

ナパ／オークヴィル

シュレーダーセラーズ　ベクストファート・カロン　ヴィンヤード CCS

SCHRADER CELLARS BECKSTOFFER TO KALON VYD CCS

参考価格

約 5 万円

主な使用品種

カベルネ・ソーヴィニヨン

GOOD VINTAGE

2002,03,04,05,06,07,08,09,10,12,13,14,15,16

OTHER WINE

オールド・スパーキー

OLD SPARKY

約 7 万円

「オールド・スパーキー」とはオーナーのフレッド・シュレーダー氏のニックネームからとったもの。マグナムボトル（1500mℓ）のみの生産で、同じくベクストファート・カロン畑から造られる

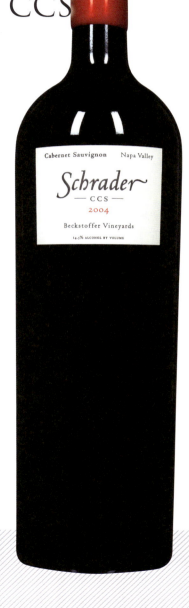

210

圧倒的な実力で熱烈なファンを獲得

2017年、アメリカの大手ワイン会社コンステレーションブランズが、60ミリオンドル(約65億円)という破格の値でナパの「シュレーダーセラーズ」を買収したというニュースが流れました。

シュレーダーセラーズは、1998年設立と新しいワイナリーでありながら、以前は**パーカーポイント100点を最も獲得している**ことでワイン業界にその名が広く知られていました(2019年現在、19銘柄で100点を獲得。現在はシンクアノンが22銘柄でトップ)。

シュレーダーは独自のぶどう畑を所有しておらず、ワイナリーも持っていません。契約業者からぶどうを買い付け、小さな醸造所でワインを造っています。シュレーダーでは9つのワインが造られており、そのうちの5つが**ナパの最上級畑「Beckstoffer To Kalon(ベクストファート・カロン)」**という畑のぶどうから造られています。このベクストファート・カロン畑からぶどうを大量に買えるアロケーションは、ナパの生産者にとっては喉から手が出るほど欲しいコネクションです。

すべての銘柄を合わせても2500から4000ケースと少量生産のシュレーダーのワインは、メーリングリストでの直販のみのため市場に出回ることはほとんどありません。そのため、オークションでも最も入札が集まる銘柄の一つになっています。

2016年には、シュレーダーセラーズが直接出品する「シュレーダー蔵出しオークション」が開催されましたが、熱烈なシュレーダーファンたちの競り合いにより、その落札額は途方もない高値となりました。シュレーダーのメーリングリストにはこうした財を成す良質な顧客が名を連ね、この顧客リストが買収の目的の一つであったとも言われています。

ナパ／オークヴィル

ケイマスヴィンヤーズ スペシャルセレクション
CAYMUS VINEYARDS SPECIAL SELECTION

参考価格
約**2**万円

主な使用品種
カベルネ・ソーヴィニヨン

GOOD VINTAGE
1975,76,78,94,2001,
02,03,05,10,11,12

史上唯一、有名ワイン誌の年間1位を2度獲得

ワインスペクテーター誌にて「カベルネソーヴィニヨンのための最高のワイナリー」と評されたケイマスヴィンヤーズ(通称ケイマス)は、ボルドーとは違う、ナパヴァレー独特のカベルネスタイルを確立し、その赤ワインは**「ナパ最高峰のカベルネ」**とも言われています。

ケイマスの造るスタンダードワイン**「ケイマスヴィンヤーズ カベルネソーヴィニヨン」**(右下)は、1972年にリリースされて以降、ワインスペクテーター誌の評価で90点を下回ったことがなく、抜群の安定感を誇っています。

そして、ケイマスの最上級ワインが「スペシャルセレクション」です。**良年にしか造られない特別な１本**であり、1975年のデビュー以来、続けざまに高評価を獲得しています。特にデビュー翌年の1976年産は、レジェンドと言われる47年産のシュバルブランやペトリュスとも比較されるほどの評価を得ています。また、ワインスペクテーター誌が発表する**「ワインオブザイヤー」の１位に、史上唯一２度輝く快挙も成し遂げま**
した。

ケイマスの赤ワインは、タンニンが熟し、ベルベットのようなソフトな口当たりが特徴です。これはケイマス独自の「ハングタイム」というテクニックによるもので、収穫をキリギリまで遅らせ、糖分と果実味が最大限熟すのを待って収穫しているからこそ生まれるものです。

ケイマスヴィンヤーズ カベルネソーヴィニヨン
CAYMUS VINEYARDS
CABERNET SAUVIGNON
約 **0.9** 万円

カリフォルニア

ナパ／ヨントヴィル

DOMINUS
ドミナス

参考価格
約 **2.9** 万円

主な使用品種
カベルネ・ソーヴィニヨン、プティヴェルド、カベルネ・フラン

Good Vintage
1987,90,91,92,94,96,
2001,02,03,04,05,06,
07,08,09,10,12,13,14,
15,16

SECOND WINE

NAPANOOK
ナパヌック

約 **0.8** 万円

ドミナスと同じ畑から生まれるセカンドワイン。ナパヌックのために選び抜かれたぶどうを使って造られる

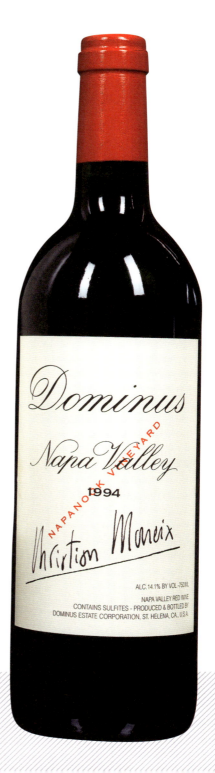

214

ボルドー随一の造り手が
ナパでワイン造りを始めたワケ

　ラベルに書かれたサインが誰のものかは、ワインファンであればすぐにピンと来ることでしょう。そう、このワインは、ボルドー右岸の高額ワイン「ペトリュス」の醸造・運営を担っていたクリスチャン・ムエックス氏が手掛けた一本です。

　彼が初めて醸造学を学んだのは、実はフランスではなく、カリフォルニアのUCデービス校でした。在学中に訪れたナパのヨントヴィルに将来性を感じていたムエックス氏は、卒業後もナパへ思いを馳せ、1981年にはとうとうこの地へ畑を探しに出ました。

　そこで彼が魅了されたのが「ナパヌック」というナパの優良畑でした。当時ナパヌックの所有者は「イングルヌック」というワイナリーでしたが、**ムエックス氏は彼らにジョインベンチャーを持ちかけ「ドミナス・エステート」を立ち上げました**(1995年には、ムエックス氏の単独所有となりました)。こうしてラテン語で「王の土地」という意味を持つドミナス・エステートでのムエックス氏の新たな挑戦が始まったのです。

　オーパスワンに続く**フランスの大物のナパ進出**は大きく取り上げられ、ドミナスのリリースには大きな注目が集まりました。1983年にお披露目されたドミナスの初ヴィンテージは生産量2100ケース、わずか45ドルで売り出され、瞬く間に売り切れました。2017年には、この1983年産が12本入りでオークションに出品され、約30万円で落札されています。

　2001年以降、ドミナスはますますその品質を上げ、ナパが天候に恵まれなかった2011年については唯一残念な結果に終わっていますが、それ以外は軒並み高得点を獲得しています。

カリフォルニア

ナパ／プリチャードヒル

ブライアントファミリーヴィンヤード
BRYANT FAMILY VINEYARD

参考価格
約 **7** 万円

主な使用品種
カベルネ・ソーヴィニヨン

GOOD VINTAGE
1993,94,95,96,97,99,
2000,04,10,12

一般的にカルトワインはアルコールが高く、しっかりした味わいが特徴だが、ブライアントファミリーはパワフルでありながら柔らかさと繊細さを兼ね備え、食事を引き立たせる味わい

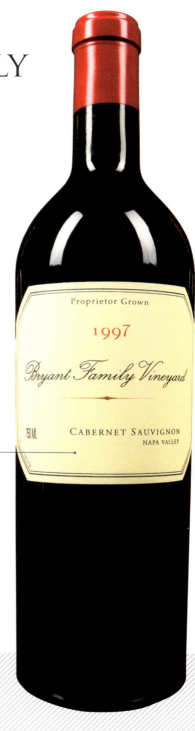

栄光とスキャンダルにまみれたワイナリー

ブライアントファミリーのある**「プリチャードヒル」**は隠れた名産地と言われ、AVA（原産地呼称統制＝政府公認の土地）認可の申請を受けていないことでも有名です。しかしここでは、そんなステータスは必要ないほど多くの高級ワインが生まれています。繊細さと力強さを兼ね備えたカベルネソーヴィニヨンを生み出す土地として、数々のカルトワイナリーがこの地に設立されているのです。

超エリート弁護士のドン・ブライアント氏も、セミリタイア後にプリチャードヒルに広大な土地を購入しました。そして、すぐに一流のワインメーカーとヴィンヤードマネージャー（畑の管理者）を雇い、ブライアントファミリーをスタートさせました。

デビュー翌年の1993年にはパーカーポイント97点を獲得し、1本35ドルだった販売価格は瞬く間に高騰。現在では1本約500ドル、マグナムボトルには約2000ドルの値が付いています。**100点を獲得した1997年産**にいたっては**1本約1200ドル**の販売価格が付けられるほどです。

こうして飛ぶ鳥を落とす勢いだったブライアントファミリーでしたが、カリフォルニアが稀に見る好天候に恵まれた**2001年産が酷評されたことで、大きく影を落としてしまいました。**さらに2002年には、ワイナリーの顔として活躍したワインメーカーのヘレン・ターリー氏の解雇が裁判沙汰にまで発展し、スキャンダルとして取りざたされてしまいます。

その後も、スクリーミングイーグルのワインメーカーを引き抜くなど改革を進めましたが、いまだにデビュー当時の勢いには至っていないようです。それでも最近は徐々にその品質を取り戻し、高級ワイン市場に返り咲く日は近いと期待されています。

> ナパ／カリストガ

シャトー・モンテレーナ シャルドネ
CHATEAU MONTELENA CHARDONNAY

参考価格
約 **0.6** 万円

主な使用品種
シャルドネ

GOOD VINTAGE
1973,88,2001,03,10,11

OTHER WINE

シャトー・モンテレーナ
カベルネ・ソーヴィニヨン
CHATEAU MONTELENA CABERNET SAUVIGNON

約 **0.6** 万円

シャルドネで有名なモンテレーナだが、実は赤ワインにも力を入れている

※写真はダブルマグナムサイズ（3000mℓ）

フランスワインに圧勝した無名の白ワイン

1976年、当時まだ無名だったシャトー・モンテレーナの名が世界中を駆け巡りました。映画にもなった**「パリスの審判」**と呼ばれるカリフォルニア対フランスのブラインドテイスティングにて、名だたるフランスの造り手を引き離し、モンテレーナが満場一致で白ワイン部門1位を獲得したのです。

フランスワイン界を代表する面々が審査員を務めていたため、「結果は火を見るより明らかだ」と言われたイベントでしたが、結果はまさか**カリフォルニアワインの大勝利**。モンテレーナを訪れると、今なおそのニュースをすっぱ抜いたTIME誌の記事と1973年産のボトルが記念として飾られています。

1882年、ナパヴァレーの北端に生まれ、カリフォルニアワインの黄金時代を過ごしたモンテレーナは、禁酒法の煽りを受け、1934年には一度破産に追いやられています。そんなワイナリーの復興を果たしたのが、1972年にシャトーを購入した元弁護士のジム・バレットでした。

ワイン造りの経験がなかったバレットでしたが、有名ワインメーカーを迎え入れ、翌年リリースした1973年産シャルドネで、なんとパリスの審判1位を獲得したのです。当時、結果を伝えるTIME誌が発売されるや否や、問い合わせの電話が鳴り止まなかったと言います。

パリスの審判　白ワインの順位
1位　シャトー・モンテレーナ（米）
2位　ムルソー・シャルム・ルロー（仏）
3位　シャローン（米）
4位　スプリング・マウンテン（米）
5位　ボーヌ・クロデムシュ　ジョセフ・ドルーアン（仏）
6位　フリーマーク・アベイ（米）
7位　バタール・モンラッシェ　ラモネ・プルードン（仏）
8位　ピュリニィ・モンラッシェ　レ・ピュセル ルフレーヴ（仏）
9位　ヴィーダークレスト（米）
10位　デイヴィッド・ブルース（米）

ソノマ／ロシアンリヴァーヴァレー

キスラーヴィンヤーズ キュヴェキャサリン
Kistler Vineyards Cuvee Catherine

参考価格

約2万円

主な使用品種

ピノワール

Good Vintage

1993,95,96,97,98,99,
2000,02,03,04,05,06,
07,09

Other Wine

キスラーヴィンヤーズ
キュヴェキャサリン
Kistler Vineyards Cuvee Cathleen

約2万円

キスラーが造るシャルドネ白ワイン。赤ワインの「キュヴェキャサリン」とは、ローマ字のつづりが微妙に違う

220

スタンフォード×MITが生み出した、ブルゴーニュ以上にブルゴーニュなワイン

　キスラーヴィンヤーズは、スタンフォード大とマサチューセッツ工科大学を卒業した、スティーブ・キスラーとマーク・ビクスラーによって1978年にソノマに設立されました。

　キスラーは徹底してブルゴーニュの伝統的な醸造を貫き、ブルゴーニュの大御所たちと同様、**個性の異なるそれぞれの畑の特徴を生かした単一畑のワイン**を複数造っています。さらに、それらはすべて１〜２万本の少量生産であり、ラベルにもシリアルナンバー入りと、コレクター心をくすぐる仕様となっています。

　中でも希少性が高いのがピノノワール100％の赤ワイン「キュヴェキャサリン」と「キュヴェエリザベス」です。ロバート・パーカーも**「キスラーが造るピノノワールはDRCのグランエシェゾー（→27ページ）を彷彿させる」**と絶賛しています。この２本は共にわずか150ケースと少量生産で、入手困難とされる希少価値の高い逸品です。

　また、キスラーは**「カリフォルニアのシャルドネ王」**とも呼ばれています。キスラーが造るシャルドネ白ワインは、カリフォルニアスタイルと言われる果実味のあるものではなく、ブルゴーニュのグランクリュを彷彿させる酸味とミネラル豊富な味わいです。

　この深みのある酸味の効いた味わいは「キスラーマジック」と称され、ロバート・パーカーも「キスラーがブルゴーニュのコートドールにあったなら、グランクリュの一流生産者と同じ栄光と名誉を得ていたであろう」と絶賛しています。

カリフォルニア

ソノマ／ロシアンリヴァーヴァレ

シンクアノン クイーンオブスペード
SINE QUA NON
QUEEN OF SPADES

参考価格
約**67**万円

主な使用品種
シラーズ

GOOD VINTAGE
—

毎回変わるラベルデザインは、アーティストでもあるオーナーのマンフレッド・クランクル氏がデザインしている

同じワインは二度と造らない!?
毎年ワインを一新する異色のワイナリー

　ぶどうのブレンド率、ワインの名前、ラベルのデザイン、ボトルの形状……など、**毎年リリースするワインを一新する異色のワイナリー**が「シンクアノン」です。シンクアノンでは、自社畑だけでなく様々な栽培業者からぶどうを調達するため、2度と同じワインを造ることができません。

　そのためワイン名も毎回変えてリリースしており、「クイーンオブスペード」「Mr.K」「ツィステッド＆ベン」など個性豊かな名前が並んでいます。

　また、単にユニークなだけでなく、その実力もお墨付きです。**史上最高の22銘柄でパーカーポイント100点を獲得**したワイナリーでもあり、ロバート・パーカー氏が「『マッドマックス』の映画の撮影現場のようだ」と表現するヴェンチュラの工業施設内にある小さなワイナリーから、多数の高額ワインを生み出しています。初ヴィンテージとなった1994年産の「クイーンオブスペード」は出荷当時31ドルの価格が現在は6000ドル以上にまで高騰しています。

　2014年のオークションでも、誰もがその破格の落札額に驚愕しました。シンクアノンのロゼワイン「クィーンオブハーツ」が1本4万2780ドルで落札されたのです。

　これは、フランスの名門ドメーヌDRCの年代物に相当する価格です。クィーンオブハーツはわずか300本しか生産されていないレアワインではありましたが、それでもその価格には皆が驚かされました。

　シンクアノンを購入するにはメーリングリストへの登録が必須で、その権利獲得までは現在9年待ちの状況です。

カリフォルニア

その他の地域

OTHER AREA

オーストラリア、チリ、スペインなど、一般的には「安くてコスパがいいワインが造られる」というイメージの国からも、実は世界中から評価される高いワインがいくつも生まれています。
　また、最近では南アフリカ、中国など、これまで「ワイン」のイメージすらなかった土地からも高級ワインが誕生し、話題を集めています。これらの地域で注目を集める、新進気鋭のワインを紹介していきましょう。

オーストラリア

グランジ ペンフォールズ
GRANGE PENFOLDS

参考価格
約**6**万円

主な使用品種
シラーズ、カベルネ・ソーヴィニヨン

Good Vintage
1962,63,71,76,81,82,
86,98,2002,04,05,06,
08,09,10,12,13,14

OTHER WINE

アール・ダブリュー・ティー
RWT

約**1.5**万円

複数地域のぶどうをブレンドして造られるグランジとは対照的に、単一地域のシラーズ種を使用。RWTとは「Red Winemaking Trial」の略で、もともとは1995年に試験的に始まった「単一地域のぶどうでワインを造るプロジェクト」の名だった。2000年のリリース以降も評判は高く、その後も生産され続けている

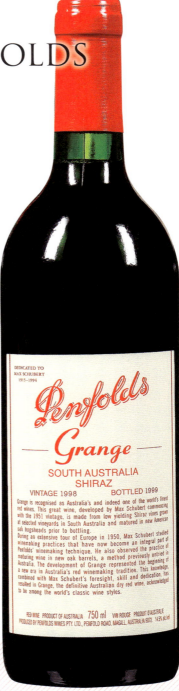

226

フランスご法度のブレンドで世界中を虜に

オーストラリア最高峰のワイナリーとして君臨するのがペンフォールズ社です。1844年、イギリスから移住した医師がサウスオーストラリア州にペンフォールズ社を設立。もともと患者向けに醸造していたワインは、のちに世界中のワインラバーを魅了するものとなりました。

ペンフォールズの造るワインの中でも、独特のブレンドで人気を博すのが「グランジ」です。グランジは**シラーズ種にカベルネソーヴィニヨン種を数％加え、両ぶどう品種の相乗効果を生み出しました**。ローヌ品種(シラーズ)とボルドー品種(カベルネソーヴィニヨン)をブレンドすることはフランスではご法度でしたが、ペンフォールズは<u>ニューワールドならではの自由な発想とブレンド</u>で新しいワインを生み出したのです。

ボルドーブレンドしか受け付けないと思われたイギリス人にもグランジは支持され、さらにはカルトワインのリッチな味に少々疲れていたアメリカ市場、そして中国でも空前の大ヒットとなりました。

グランジの最高ヴィンテージと言われるのが**1953年産**ですが、これは260ケースのみの生産で、市場には滅多に現れない超希少ワインです。現在、最も高額な販売価格には1本2万6900豪ドル(約200万円)の売値がついています。

ちなみに、ドバイ空港にあるワイン専門店「Le Clos」でグランジの61本セットが66万ドル(約7000万円)で販売されているのを見かけたことがありますが、そこには初ヴィンテージとされるスーパーレアな51年、レジェンドの53年、隠れた名品の57、58、59年産などが含まれていました。

その他の地域

オーストラリア

クリス・リングランド　シラーズ　ドライグロウン　バロッサ

CHRIS RINGLAND SHIRAZ DRY GROWN BAROSSA RANGES

参考価格
約 **8** 万円

主な使用品種
シラーズ

Good Vintage
1993,94,95,96,97,98, 99,2000,01,02,03,04, 05,06,07,08,09,10,13

ラベルにはその年に何本のワインを造ったかが記されており、そのワインだけのシリアルナンバーも割り振られている

年間1300本前後しか造られない、オーストラリアの激レアワイン

　世界最大のワイン検索サイト「ワインサーチャー」が2016年に発表した「高価なオーストラリアワイントップ10」で、ペンフォールズをおさえて1位に輝いたのは、クリス・リングランド シラーズ ドライグロウン バロッサ(旧名スリー・リヴァース)でした。

　オーナーであり醸造家でもあるクリス・リングランド氏は、もともとニュージーランドで天才ワインメーカーとして知られる存在でしたが、1989年にはオーストラリアで自身のワイナリーを立ち上げ、このシラーズ ドライグロウン バロッサの**初ヴィンテージ(1993年産)にロバート・パーカーが99点を与えた**ことで、彼の名は一気に世界に轟きました。

　パーカーは、「100点にしなかったのはたった50ケースしか生産しなかったからだ」と語り、「香りはまるで47年のシュヴァルブランのようだ」とコメントを残しています。

　以降、クリス・リングランドは1998年、2001年、02年、04年と**立て続けに4度もパーカーポイント100点を獲得**し、トップワインの仲間入りを果たしました。評論家たちは、クリス・リングランドを「ローヌの老舗ドメーヌやカリフォルニアのシンクアノンなど、世界のシラーズ種の優秀な造り手に匹敵する」と絶賛しました。

　また、発表当初から超少量生産を貫いており、その希少性から「オーストラリアのカルトワイン」とも称されています。**現在も年間1300本前後**と生産を絞っており、さらにその生産のほとんどがオーストラリア国内、そしてアメリカへの輸出のため、オークションでもほとんど見かけないレア中のレアワインです。

その他の地域

| オーストラリア |

カーニバル・オブ・ラブ モリードゥーカー
CARNIVAL OF LOVE MOLLYDOOKER

参考価格
約 0.9 万円

主な使用品種
シラーズ

GOOD VINTAGE
2005,06,07,10,12

夢を叶えた「左利き」の夫妻

　ワインビジネスに夢を抱き、二人合わせて1000ドルというわずかな資金でワインビジネスを始めたサラ＆スパーキー夫妻が立ち上げたワイナリーが「モリードゥーカー」です。

　彼らの資金はすぐに底をつきましたが、ワインの味を気に入ったエンジェル投資家が30万ドルの小切手を渡し、彼らのワインビジネスを支援したようです。

　そして、デビューを飾った2005年産の「カーニバル・オブ・ラブ」は、ロバート・パーカーに大絶賛され、「ふくよかで魅力的な味わいはパメラ・アンダーソン（プレイボーイ誌の女優）も嫉妬する」と、その濃厚な味わいが大変ユニークにコメントされました。

　メディアにも大々的に取り上げられ、ワインスペクテーター誌の**「ワインオブザイヤー」でも2006年、07年と２年連続でトップ10入りを果たし**、2014年には堂々の２位に選ばれています。

　ちなみに、「モリードゥーカー」とはオーストラリアのスラングで**「左利き」**という意味です。実は、夫妻が共に左利きだったことからその名が付けられました。

「左利きの人は芸術肌」などと言われたりしますが、モリードゥーカーのワインもその品質だけでなく、**親しみやすいポップなラベルや特徴的なワイン名など、奇抜なアイデアでも人気を集めています**。「驚きのあるワインを造る」が彼らのポリシーでもあるのです。

　また、カルトワインとしては良心的な価格であり、それがアメリカのワイン愛好家たちからも支持され、アメリカをはじめアジアにもマーケットを広げています。

その他の地域

スペイン

ドミニオ・デ・ピングス
DOMINIO DE PINGUS

参考価格

約 **10** 万円

主な使用品種

テンプラニーリョ

Good Vintage

1996,99,2000,04,05,
06,07,08,09,10,12,13,
14,15,16

Second Wine

フロール・デ・ピングス
Flor de Pingus

約 **1.1** 万円

樹齢35年以上のテンプラニーリョ種を使用。わずか4000ケースと少量生産なセカンドワイン

満点評価のデビューヴィンテージ、その2割が海底に……

　1995年設立の「ピングス」は、**パーカーポイント100点を初ヴィンテージで獲得**した期待の新星ワイナリーです。

　わずか3900本の出荷でデビューした95年産は「今まで味わった中で最もエキサイティングな若い赤ワインの一つだ」とロバート・パーカーからも大絶賛を受け、華々しいデビューを飾りました。

　高評価にもかかわらず少量生産であったピングスの価格はすぐに高騰し、**スペインが産んだカルトワイン**として、多くのメディアに取り上げられ、一躍スターとなりました。

　さらに、ある事件によりピングスの価格は一層高騰することになりました。1997年、スペインからアメリカに向かって出航したピングスを積んだ船が、アゾレス諸島沖合で謎の沈没事件に見舞われ、船に積まれたデビューヴィンテージが75ケースも海底に沈んでしまったのです。

　この原因不明の沈没で、希少なデビューヴィンテージの約２割が海底に消えてしまったピングスの価格は、出荷価格200ドルから一気に495ドルにまで跳ね上がりました。現在もその価格は上昇し、2013年にサザビーズのオークションに出品された際には**１本約1500ドルにまで高騰**しています。

　もちろん、ピングスが高価なのはその希少性だけでなく、品質管理が徹底されているからです。特に2000年以降は、１ヘクタールあたりのぶどう収穫量を減らして品質を高め、年間500ケースほどに生産量を絞っています。さらに、**ピングスの基準を満たさない年には生産自体が断念されます。**また、2003年からはバイオダイナミック農法を採用し、よりワインの質を上げてファンを増やし、ますます入手困難なワインとなっています。

その他の地域

スペイン

ウニコ ヴェガ シ シリア
UNICO VEGA SICILIA

参考価格

約 **4.6** 万円

主な使用品種

テンプラニーリョ、
カベルネ・ソーヴィニヨン

GOOD VINTAGE

1962,64,65,66,67,70,
75,81,82,87,90,91,94,
95,96,98,2002,04,05,
06,08,09

OTHER WINE

バルブエナ・シンコ・アニョス
VALBUENA 5ANO

約 **1.5** 万円

ヴェガシシリアのスタンダードワイン。「シンコ・アニョス＝5年」が示す通り、5年間の熟成期間を経てリリースされる

234

最低10年は熟成させるスペインの代表作

　1929年のバルセロナ万国博覧会にて金賞を獲得したことから、一躍スペインを代表するワイナリーとなったのが「ヴェガシシリア」です。**スペインの代表的な品種であるテンプラニーリョ種に、ボルドー品種のカベルネソーヴィニヨン、メルロー、マルベックの3種を使った独自のブレンド**が特徴のワイナリーです。

　中でも「ウニコ」は、ヴェガシシリアの代表作であり、同社をスペインを代表するワイナリーに位置付けたワインでもあります。

　ウニコは、ヴィンテージによってブレンド率を変え、その醸造方法もぶどうの性質によって柔軟に対応しています。フランス産・アメリカ産の樽、新樽・古樽、樽の大きさなど、熟成期間中に様々な樽に入れ替えることもしばしばです。入れ替えによって、まろやかで複雑性が増したワインに仕上がります。こうして**樽内で7年間熟成された後、瓶内3年以上の熟成期間を経てリリース**されるのです。

　レジェンドとして語り継がれる**1964年産**は、約12年の熟成期間を経て出荷されましたが、2年間は大きなオーク樽に、その後小さめの樽に入れ替えて2年、最後は古い樽で7年間熟成させた後に瓶内熟成を経て、1976年にようやく市場に登場しました。

　私のクリスティーズ時代の元上司であり、ワイン界の重鎮でもあるマイケル・ブロードベント氏は、この64年産を毎年試飲し、その変化を克明に記録していました。12年間の熟成を経てもなお出荷当時はタンニンが強かったようですが、「年を追うごとに蕾から少しずつ花開き、いずれ美しい花として咲き誇っていくだろう」と語っていました。

　64年産は、出荷当時は約2000円でしたが、オークションでの最高落札額は1本あたり約1800ドル（約20万円）を記録しています。

その他の地域

チリ

アルマヴィーヴァ
ALMAVIVA

参考価格
約 **1.6** 万円

主な使用品種
カベルネ・ソーヴィニヨン、カルメネール、カベルネ・フラン、プティヴェルド

GOOD VINTAGE
1997,2002,05,07,11,
12,13,14,15,16

SECOND WINE

エプ
EPU

約 **0.8** 万円

EPUとは、チリやアルゼンチンに住む先住民マプーチェ族の言語で「セカンド」を意味する

大成功を収めた
チリ×フランスのジョイントベンチャー

　チリワインのアイコン「アルマヴィーヴァ」は、1996年にボルドー１級の「ムートン・ロスチャイルド」とチリ最大のワイナリー「コンチャイトロ」のジョイントベンチャーで誕生しました。

　ムートンは、大成功を収めたオーパスワンに続き、チリでも旧世界と新世界を結ぶワインを生み出したのです。**「チリのオーパスワン」**ともいえるアルマヴィーヴァは、デビュー前から多くの期待を集め、話題を呼びました。

　アルマヴィーヴァの醸造は、ボルドー品種に長けたムートンの醸造チームが担当し、デビューヴィンテージの1996年産では、各方面から高評価を獲得して華々しいデビューを飾りました。

　2017年には、著名な評論家ジェームス・サックリング氏による**「トップ100オブザイヤー」で2015年産のアルマヴィーヴァが100点を獲得し、見事１位に選ばれました。**これは、１万7000種のワインをブラインドテイスティングした結果のトップであり、これによりアルマヴィーヴァはますます注目を集めたのです。

　ちなみに、アルマヴィーヴァという名は、フランスの劇作家ボーマルシェによって書かれた「フィガロの結婚」に出てくる伯爵の名に由来しています。

　ラベルに描かれる赤い丸のシンボルは、チリの先住民族マプーチェ族が古くから儀式に使用していた太鼓の楽器をデザインしたもので、チリの歴史に敬意を表しています。

その他の地域

> 南アフリカ

ヴィラフォンテ シリーズ エム
VILAFONTÉ SERIES M

参考価格

約 **0.6**万円

主な使用品種

メルロー、マルベック、
カベルネ・ソーヴィニヨン

GOOD VINTAGE
2007,09,11,13,14

238

南アフリカの高級ワイン市場を切り開いた新星

　南アフリカは、ぶどう栽培に適したテロワールを持つ土地として古くから関心を集めていました。17世紀にはワイン造りが始まり、徐々に生産を増やした結果、今ではワイン生産量で**世界第8位**となっています(2015年データに基づく)。

　ただし、そのイメージは「広大な土地と安い人件費による低価格ワイン」であり、高級ワインとは縁のない生産地として、長年影の薄い存在であったことも確かです。

　しかし最近、南アフリカでも高級ワイン市場が花開きつつあります。その発端となったワインが「ヴィラフォンテ」なのです。

　2018年にクリスティーズ香港のオークションに出品された「ヴィラフォンテ シリーズM」の2007年産6本セットが、落札予想価格3000香港ドル(約5万円)をはるかに上回る、1万3475香港ドル(約19万円)で落札されました。この瞬間、**南アフリカ発の高級ワインが誕生**し、そのニュースは瞬く間に世界中を駆け巡りました。

　ヴィラフォンテは、1996年、南アフリカとアメリカのジョイントベンチャーにより生まれたワイナリーです。有名ワイン誌で「世界トップ30の醸造家」にも選ばれたアメリカ人の女性醸造家、そしてオーパスワンの元栽培責任者などをスタッフとして招聘(しょうへい)し、本腰を入れて南アフリカでのワイン造りを始めました。

　ヴィラフォンテの畑はメルローやマルベックなどボルドー品種に適したテロワールで、特殊な砂利粘土質を持ち、ぶどうの樹が土壌深くに根を張ります。そのため、地中深くからたくさんの養分を吸い取り、そこからは**ボルドーにはないふくよかでリッチなアロマを醸し出す、南アフリカの特徴を表現したワインが生まれる**と評判です。

その他の地域

中国

アオユン
AO YUN

参考価格
約 **3.1** 万円

主な使用品種
カベルネ・ソーヴィニヨン、
カベルネ・フラン

GOOD VINTAGE
2013

アオユンとは「天空を飛ぶ」という意味。現在は年間2000ケースほどが生産されている

240

えっ、中国発!?
標高２０００メートル超で造られる高級ワイン

　2006年頃、ルイヴィトングループのモエヘネシー社が、中国・ヒマラヤの丘陵地でボルドースタイルの赤ワインに適した土地を探しているという噂が流れていました。
　しかし、中国は高級ワイン市場である一方で、ワイン造りは現実的ではないと言われていたため、誰もそのニュースを本気にはしていませんでした。ところが2012年、なんとモエヘネシー社から**「ヒマラヤで桃源郷を見つけた」**という発表があったのです。
　雲南省の山の奥地に広がる４つの村で見つかったぶどう栽培に最適な地は、**標高2200〜2600メートルという高地に位置し**、そこで中国初の高級ワイン「アオユン」のワイン造りがスタートしました。2012年には早くもカベルネソーヴィニヨンが植えられましたが、畑が高地にあるため、酸素マスクを着用して、畑の手入れや収穫を行うこともあったようです。

　アオユンの責任者に抜擢されたのは、ボルドー２級格付のシャトー・コスデストゥルネルのプラッツ氏でした。
　アオユンの畑はヒマラヤ山脈の影により毎日４時間しか直射日光を受けることができず、ボルドーでは120日でぶどうが成熟するのに対し、160日もの時間を要します。プラッツ氏は、それを「弱火でゆっくりと調理して旨味を引き出す料理に似ている」と表現しました。実際、**余分な紫外線を受けずにゆっくりと熟していくことで、優しいタンニンが形成される**ようです。
　こうした特殊な環境で育つアオユンは、唯一無二の中国産高級ワインとして、今では地元中国だけでなく、アメリカ市場でも多くの支持を得ています。

その他の地域

中国

ロンダイ
Long Dai

参考価格
未定

主な使用品種
カベルネ・ソーヴィニヨン、マルセラン、カベルネ・フラン

Good Vintage
—

> 責任者として任命されたのはアオユンの設立にも関わった元シャトー・コスデストゥルネルのプラッツ氏。2009年から土壌の調査を始め、400以上の土壌をチェックし、入植に最適な場所を探した結果、400ヘクタールもの広大な土地を購入した

フランス一流シャトーが中国で生み出した神聖なワイン

　アオユン誕生に沸く中国の高級ワイン市場から、2019年、新たな高級ワイン発表のニュースが舞い込んできました。その名は、「Long Dai（ロンダイ、龍大）」。メドック格付1級の**シャトー・ラフィット・ロスチャイルドが、新たに中国北東部の山東省、秋山渓谷のふもとで造り出したワイン**です。

　「ロンダイ」という名は、山東省の神聖な山からインスピレーションを受けて名付けられたもので、「自然とのバランスを最大限に引き出す」という意味が込められています。

　メディアは、「ついにLVMHのアオユン（青雲）対 ラフィットのロンダイ（龍大）の対決が始まった」と騒ぎ立てました。

　ただし、その販売戦略は対極的です。アオユンは生産の約3分の2を海外に輸出しますが、**ロンダイは中国市場を狙った販売戦略をとりました**。中国で1700～1800ケース、海外で200ケースの販売を見込んでいます。

　初ヴィンテージの2017年産は2018年にリリース予定でしたが、ワインのタンニンをより上品で繊細に仕上げるために2019年後半にリリースが延期されています。そのため、現時点では販売価格はまだ発表されていません。

　また、海外からの逆輸入もあり得るため、偽造防止対策も怠らないと発表しています。初ヴィンテージからNFC（近距離無線通信）の追跡技術を搭載し、スマホでボトルをスキャンすることでボトルの真正性を確認することができます。そのほかにも、特殊なラベルやシリアルナンバーを設けるなど、万全の態勢を整えています。

その他の地域

おわりに

　昨年、『教養としてのワイン』(ダイヤモンド社)を出版し、おかげさまで多くの方から「本を読んでワインに興味を持った」「もっとワインの知識を身につけたい」と嬉しいお言葉を頂戴しました。
　今までワインに興味がなかったり、馴染みがなかった方にも手にとっていただけたことは、ワインに携わる身として何より嬉しいことでした。
　中には、「ワインを飲むようになり、五感が研ぎ澄まされてビジネスアイデアが生まれるようになった」という方もいらっしゃいました。確かにワインは、人間の感覚(視覚・嗅覚・味覚)を最大限に活用して味わうものですから、普段はあまり意識せずに使っていた感覚が目覚め、いろいろなアイデアが湧いてくるのかもしれません。
　事実、海外では瞑想やマインドフルネスにワインを使ったワークショップも人気を博しているようで、ワインの持つ様々な側面に私自身も改めて気づかされました。

　さて、本書では前著よりさらに踏み込んだ内容をお届けしました。ワインの基礎知識ではなく、よりワインを楽しむために知っておきたい個別銘柄のうち、特に「高いワイン＝一流ワイン」を紹介しました。
　私がワイン業界に入って最初に働いた職場はNYのオークション

ハウスでしたが、そこはまさに「高いワイン」だけを扱う仕事であり、そこで私はワインスペシャリストとして働きました。「ワインスペシャリスト」とはオークションに出品されるワインの落札予想価格、つまり価値を決めるのが主な仕事です。

5大シャトーの特徴すらおぼつかないまま働き始めた私でしたが、その後約10年もの間、多くの「高いワイン」をリサーチし、試飲してきました。そこで身につけた知識や経験を余すことなく詰め込んだものが本書だと言えます。

ワインは、ぶどうから造られる単なる飲み物でありながら、昔から多くの人がその魔力に取り憑かれ大金を払ってきました。現在では、投資や財産としても、世界中のワインファンが収集に奔走しています。「高いワイン」には、いつの時代も人々の正気を狂わせてしまうほどの魅力があるのです。

私も高いワインに魅せられてワインの道に進んだ者として、また長年高いワインの価値を決めてきたものとして、この本が出版できたことを光栄に思います。

最後に、今回も本を出版するにあたり美しい写真を提供してくださったオークションハウス「Zachys（ザッキーズ）」ならびに「Sotheby's（サザビーズ）」へ御礼を述べたいと思います。

I would like to thank Zachys HK and NY teams and Sotheby's in NY for providing beautiful photos. I appreciate your cooperation.

タカムラワインハウスの松誠社長はじめ、スタッフの皆様へも数々の写真をご提供いただき感謝を申し上げます。いつもご協力いただきありがとうございます。

　また、快く写真を提供くださった各ドメーヌ、日本の輸入販売元の皆様にも深く御礼申し上げます。そして高井啓光さん、いつも大きなサポートをありがとう。

　また、今回も編集を担当してくださった畑下裕貴さんには心から感謝を申し上げます。畑下さんの感性とアドバイスによってこの本が出来ました。前著の宣伝・PRを担当してくださった加藤貴恵さんへも御礼を述べたいと思います。彼女の尽力のおかげで『教養としてのワイン』を多くの方へ届けることができました。

渡辺 順子

掲載ワイン索引

あ

- [ ] アール・ダブリュー・ティー ……… 226
- [ ] アオユン ……… 240
- [ ] アルマヴィーヴァ ……… 236
- [ ] イグレック ……… 111
- [ ] ヴィラフォンテ シリーズエム ……… 238
- [ ] ヴォーヌロマネ クロパラントゥ アンリ・ジャイエ ……… 28
- [ ] ヴォーヌロマネ クロパラントゥ エマニュエル・ルジェ ……… 31
- [ ] ウニコ ヴェガシシリア ……… 234
- [ ] ヴュー・シャトー・セルタン ……… 122
- [ ] エコー・ド・ランシュバージュ ……… 98
- [ ] エシェゾー DRC ……… 27
- [ ] エプ ……… 236
- [ ] エルミタージュ・ラ・シャペル ポール・ジャブレ・エネ ……… 160
- [ ] オーバーチュア ……… 198
- [ ] オーパスワン ……… 198
- [ ] オールド・スパーキー ……… 210
- [ ] オルネライア ……… 178

か

- [ ] カ・マルカンダ ガヤ ……… 173
- [ ] カーニバル・オブ・ラブ モリードゥーカー ……… 230
- [ ] ガヤ・エ・レイ ……… 173
- [ ] カリュアド・ド・ラフィット ……… 59
- [ ] キスラーヴィンヤーズ キュヴェキャサリン(シャルドネ) ……… 220
- [ ] キスラーヴィンヤーズ キュヴェキャサリン(ピノノワール) ……… 220
- [ ] グランエシェゾー DRC ……… 27
- [ ] グランジ ペンフォールズ ……… 226
- [ ] クリス・リングランド シラーズ ドライグロウン バロッサ ……… 228
- [ ] クリュッグ グランキュベ ……… 142
- [ ] クリュッグ クロダンボネ ……… 143
- [ ] クリュッグ クロデュメニル ……… 142
- [ ] クロサンドニ ドメーヌ・ポンソ ……… 48

- ☐ クロドラロッシュ ヴィエイユヴィーニュ ドメーヌ・ポンソ ········· 46
- ☐ ケイマスヴィンヤーズ カベルネソーヴィニヨン ················· 213
- ☐ ケイマスヴィンヤーズ スペシャルセレクション ················· 212
- ☐ コートロティ ラ・トゥルク ギガル ································ 157
- ☐ コートロティ ラ・ムーリーヌ ギガル ······························ 156
- ☐ コートロティ ラ・ランドンヌ ギガル ······························ 157
- ☐ コスタ・ルッシ ガヤ ··· 173
- ☐ コルギン カリアド ·· 206
- ☐ コルギン ティクソンヒル ·· 206
- ☐ コルギン ナンバーナインエステート ································ 206
- ☐ コルギン ハーブラムヴィンヤード ·································· 206
- ☐ コルトン DRC ·· 27
- ☐ コルトンシャルルマーニュ コシュデュリ ··························· 42
- ☐ コンテイザ ガヤ ·· 173

さ

- ☐ ザ・メイデン ·· 202
- ☐ サッシカイア ·· 176
- ☐ サロン ブラン・ド・ブラン ·· 148
- ☐ シャトー・アンジェリュス ·· 130
- ☐ シャトー・オーゾンヌ ·· 126
- ☐ シャトー・オーブリオン ·· 68
- ☐ シャトー・オーブリオン・ブラン ···································· 70
- ☐ シャトー・カロンセギュール ·· 80
- ☐ シャトー・グリュオーラローズ ······································ 88
- ☐ シャトー・コスデストゥルネル ······································ 82
- ☐ シャトー・シュヴァルブラン ·· 128
- ☐ シャトー・スミスオーラフィット ···································· 106
- ☐ シャトー・スミスオーラフィット ブラン ···························· 107
- ☐ シャトー・ディケム ·· 108
- ☐ シャトー・デュアールミロン ·· 96
- ☐ シャトー・デュクリュボーカイユ ···································· 90
- ☐ シャトー・ド・ボーカステル オマージュ・ア・ジャックペラン ······· 162

- ☐ シャトー・パヴィ ……………………………………………… 132
- ☐ シャトー・パプクレマン ……………………………………… 102
- ☐ シャトー・パルメ ……………………………………………… 100
- ☐ シャトー・ピション・ロングヴィル・コンテス・ド・ラランド ……… 94
- ☐ シャトー・ピション・ロングヴィル・バロン ……………… 94
- ☐ シャトー・ベイシュヴェル …………………………………… 92
- ☐ シャトー・マルゴー …………………………………………… 60
- ☐ シャトー・ムートン・ロスチャイルド（ロートシルト） ……… 72
- ☐ シャトー・モンテレーナ　カベルネソーヴィニヨン ……… 218
- ☐ シャトー・モンテレーナ　シャルドネ ……………………… 218
- ☐ シャトー・ラトゥール ………………………………………… 64
- ☐ シャトー・ラフィット・ロスチャイルド …………………… 56
- ☐ シャトー・ラフルール ………………………………………… 120
- ☐ シャトー・ラミッションオーブリオン ……………………… 104
- ☐ シャトー・ラミッションオーブリオン　ブラン …………… 105
- ☐ シャトー・ラヤス ……………………………………………… 164
- ☐ シャトー・ラヤス　シャトーヌフ・デュ・パプ　ブラン …… 164
- ☐ シャトー・ランシュバージュ ………………………………… 98
- ☐ シャトー・レオヴィル・バルトン …………………………… 84
- ☐ シャトー・レオヴィル・ポワフェレ ………………………… 85
- ☐ シャトー・レオヴィル・ラスカーズ ………………………… 85
- ☐ シャトー・レグリーズクリネ ………………………………… 124
- ☐ シャンベルタン　ドメーヌ・ルロワ ………………………… 35
- ☐ シュヴァリエ・モンラッシェ　ドメーヌ・ルフレーヴ …… 41
- ☐ シュレーダーセラーズ　ベクストファート・カロン ヴィンヤード CCS …… 210
- ☐ シンクアノン　クイーンオブスペード ……………………… 222
- ☐ スクリーミングイーグル ……………………………………… 200
- ☐ スペルス　ガヤ ………………………………………………… 173
- ☐ セカンドフライト ……………………………………………… 200
- ☐ ソライア ………………………………………………………… 184
- ☐ ソリ・サン・ロレンツォ　ガヤ ……………………………… 173
- ☐ ソリ・ティルディン　ガヤ …………………………………… 173
- ☐ ソルデラ　カーゼ・バッセ …………………………………… 190

た

- [ ] ダルマジ　ガヤ　170
- [ ] チェッレタルト　カサノヴァ・ディ・ネリ　188
- [ ] ティニャネロ　182
- [ ] ドミナス　214
- [ ] ドミニオ・デ・ピングス　232
- [ ] ドン・ペリニヨン ヴィンテージ　139
- [ ] ドン・ペリニヨン P2ヴィンテージ　139
- [ ] ドン・ペリニヨン P3ヴィンテージ　138

な

- [ ] ナパヌック　214
- [ ] ニュイサンジョルジュ　アンリ・ジャイエ　31

は

- [ ] ハーランエステート　202
- [ ] パヴィヨンルージュ・ドゥ・シャトー・マルゴー　63
- [ ] バタール・モンラッシェ　ドメーヌ・ルフレーヴ　41
- [ ] バルバレスコ　ガヤ　173
- [ ] バルブエナ・シンコ・アニョス　234
- [ ] バローロ ファッレット　ブルーノ・ジャコーザ　174
- [ ] ビアンヴニュ・バタール・モンラッシェ　ドメーヌ・ルフレーヴ　41
- [ ] ブライアントファミリーヴィンヤード　216
- [ ] ブルネッロ・ディ・モンタルチーノ テヌータスォーヴァ　カサノヴァ・ディ・ネリ　188
- [ ] ブルネッロ・ディ・モンタルチーノ リゼルヴァ　ビオンディ・サンティ　186
- [ ] フロール・デ・ピングス　232
- [ ] ペトリュス　116
- [ ] ポイヤック・ド・ラトゥール　67
- [ ] ポルロジェ　サー・ウィンストン・チャーチル　150
- [ ] ボンド　メルベリー　204

ま

- [ ] マコン・ヴェルゼ　ドメーヌ・ルフレーヴ ……………………………… 40
- [ ] マジシャンベルタン　ドメーヌ・ドーヴネ ……………………………… 36
- [ ] マセット ……………………………………………………………… 180
- [ ] マヤ …………………………………………………………………… 208
- [ ] ミュジニー　ドメーヌ・ルロワ ……………………………………… 32
- [ ] ムルソー　ドメーヌ・デ・コントラフォン ………………………………… 44
- [ ] メイトアリーク ……………………………………………………… 204
- [ ] モンラッシェ　DRC ………………………………………………… 27
- [ ] モンラッシェ　ドメーヌ・デ・コントラフォン …………………………… 44
- [ ] モンラッシェ　ドメーヌ・ルフレーヴ ……………………………… 38

ら

- [ ] ラ・クロワ・ド・ボーカイユ ……………………………………… 90
- [ ] ラターシュ　DRC …………………………………………………… 27
- [ ] リシュブール　DRC ………………………………………………… 27
- [ ] リシュブール　アンリ・ジャイエ …………………………………… 31
- [ ] リシュブール　ドメーヌ・ルロワ …………………………………… 35
- [ ] ル・クラレンス・ド・オーブリオン …………………………………… 71
- [ ] ル・プティ・シュヴァル ……………………………………………… 128
- [ ] ル・プティムートン・ド・ムートン・ロスチャイルド ………………… 75
- [ ] ル・メドック・ド・コス ……………………………………………… 82
- [ ] ルイ・ロデレール　クリスタル ……………………………………… 146
- [ ] ルパン ………………………………………………………………… 118
- [ ] レ・フォール・ド・ラトゥール ……………………………………… 67
- [ ] レディガフィ　トゥア・リタ ………………………………………… 192
- [ ] ロマネコンティ　DRC ……………………………………………… 24
- [ ] ロマネ・サンヴィヴァン　ドメーヌ・ルロワ ……………………… 35
- [ ] ロマネ・サンヴィヴァン　DRC ……………………………………… 27
- [ ] ロンダイ ……………………………………………………………… 242

掲載写真 提供先

Zachys（ザッキーズ）
p.24, 27, 28, 31, 32, 35, 36, 38, 41, 42, 44 (左下), 46, 48, 56, 60, 64, 68, 70, 72, 80, 82 (メイン), 88, 90 (メイン), 92, 94, 96, 98 (メイン), 100, 104, 105, 108, 111, 116, 118, 120, 122, 124, 126, 128 (メイン), 130, 132, 138, 139, 142 (メイン), 143, 146, 148, 150, 156, 160, 162, 164 (メイン), 170, 173 (カ・マルンダ、ガヤ・エ・レイ以外), 174, 176, 180, 186, 190, 198 (メイン), 200 (メイン), 202 (メイン), 206, 210, 212, 214 (メイン), 216, 218 (左下), 222, 226 (メイン), 234 (メイン)

Sotheby's（サザビーズ）
p.59, 67 (上), 75, 107, 128 (左下), 142 (左下), 173 (カ・マルカンダ), 178, 234 (左下), 240

タカムラワインハウス
p.40, 63, 67 (下), 71, 164 (左下), 173 (ガヤ・エ・レイ), 179, 198 (左下), 200 (左下), 202 (左下), 213, 214 (左下), 220 (左下), 232 (左下), 236

ラック・コーポレーション
p.85, 157

サッポロビール株式会社
p.226 (左下)

各ドメーヌからの直接提供
p.82 (左下), 84, 90 (左下), 98 (左下), 102, 106, 182, 184, 188, 192, 204, 208, 218 (メイン), 228, 230, 232 (メイン), 238, 242

［著者プロフィール］

渡辺 順子
（わたなべじゅんこ）

プレミアムワイン株式会社代表取締役。1990年代に渡米。1本のプレミアムワインとの出合いをきっかけに、ワインの世界に足を踏み入れる。フランスへのワイン留学を経て、2001年から大手オークションハウス「クリスティーズ」のワイン部門に入社。NYクリスティーズにて、アジア人初のワインスペシャリストとして活躍。オークションに参加する世界的な富豪や経営者へのワインの紹介・指南をはじめ、一流ビジネスパーソンへのワイン指導も行う。

2009年に同社を退社。現在は帰国し、プレミアムワイン株式会社の代表として、欧米のワインオークション文化を日本に広める傍ら、アジア地域における富裕層や弁護士向けのワインセミナーも開催している。2016年には、ニューヨーク、香港を拠点とする老舗のワインオークションハウス Zachys（ザッキーズ）の日本代表に就任。日本国内でのワインサテライトオークション開催を手掛け、ワインオークションへの出品・入札、および高級ワインに関するコンサルティングサービスを行う。著書に『世界のビジネスエリートが身につける 教養としてのワイン』（ダイヤモンド社）などがある。

高いワイン
——知っておくと一目置かれる 教養としての一流ワイン

2019年9月18日　第1刷発行

著　　者——渡辺順子
発行所——ダイヤモンド社
　　　　　〒150-8409　東京都渋谷区神宮前6-12-17
　　　　　http://www.diamond.co.jp/
　　　　　電話／03・5778・7236（編集）　03・5778・7240（販売）
装丁————渡邊民人(TYPEFACE)
本文デザイン・DTP—清水真理子(TYPEFACE)
製作進行——ダイヤモンド・グラフィック社
校閲・校正—円水社
印刷————勇進印刷
製本————ブックアート
編集担当——畑下裕貴

©2019 Junko Watanabe
ISBN 978-4-478-10894-9
落丁・乱丁本はお手数ですが小社営業局宛にお送りください。送料小社負担にてお取替えいたします。但し、古書店で購入されたものについてはお取替えできません。
無断転載・複製を禁ず
Printed in Japan

◆ダイヤモンド社の本 ◆

ビジネスシーンでも役立つ
ワインの歴史、エピソード、豆知識

大手オークションハウス「NYクリスティーズ」にて、アジア人初のワインスペシャリストとして活躍した著者による、これまでにないワイン入門書。基礎知識はもちろん、ワインの歴史や豆知識、話題のトピック、ワイン投資の情報まで、ビジネス教養としても使える知識を一冊に凝縮しました。

世界のビジネスエリートが身につける
教養としてのワイン

渡辺順子 [著]

● 四六判並製 ● 定価（本体1600円＋税）

http://www.diamond.co.jp/